中央民族大学"985"、"211"工程项目成果

青年学者论丛

XIAONONGHU YOUJI NONGYE YU
ZHONGGUO SHIPIN ANQUAN
JIYU YU TIAOZHAN

小农户、有机农业与中国食品安全
机遇与挑战

刘璐琳／著

中央民族大学出版社
China Minzu University Press

图书在版编目（CIP）数据

小农户、有机农业与中国食品安全——机遇与挑战/刘璐琳著.—北京：中央民族大学出版社，2012.5
ISBN 978-7-5660-0231-0

Ⅰ.①小… Ⅱ.①…刘 Ⅲ.①有机农业—研究—中国②食品安全—研究—中国 Ⅳ.①S345②TS201.6

中国版本图书馆 CIP 数据核字（2012）第 134799 号

小农户、有机农业与中国食品安全——机遇与挑战

作　　者	刘璐琳
责任编辑	杨爱新
封面设计	汤建军
出 版 者	中央民族大学出版社
	北京市海淀区中关村南大街27号　邮编：100081
	电话：68472815（发行部）　传真：68932751（发行部）
	68932218（总编室）　　　68932447（办公室）
发 行 者	全国各地新华书店
印 刷 厂	北京宏伟双华印刷有限公司
开　　本	787×1092（毫米）　1/16　印张：11.25
字　　数	235千字
版　　次	2012年9月第1版　2012年9月第1次印刷
书　　号	ISBN 978-7-5660-0231-0
定　　价	28.00元

版权所有　翻印必究

目　录

导　言 …………………………………………………………………… (1)
　一、研究背景 ………………………………………………………… (1)
　二、结构安排 ………………………………………………………… (3)
　三、研究创新与不足 ………………………………………………… (4)

第一章　中国食品安全与小农户研究的理论基础 ……………… (6)
第一节　世界有机农业与中国 ………………………………… (6)
第二节　国内外研究现状 ……………………………………… (10)
　一、农产品供应链研究 ……………………………………………… (10)
　二、蔬菜供应链研究 ………………………………………………… (11)
　三、果蔬协作式供应链研究 ………………………………………… (11)
第三节　几个基本概念 ………………………………………… (12)
　一、有机农业、有机食品与有机认证 ……………………………… (12)
　二、有机蔬菜产业与有机蔬菜供应链 ……………………………… (17)
　三、供应链协同管理与协作式供应链 ……………………………… (19)
第四节　产业发展、农户行为选择与经济绩效的理论基础 ……… (20)
　一、产业发展与农民经济理论发展 ………………………………… (20)
　二、农民收入增长(贫困)、环境保护与有机农业发展理论 ……… (22)
　三、博弈论与信息不对称理论 ……………………………………… (23)
第五节　研究目标与意义 ……………………………………… (25)
　一、研究意义 ………………………………………………………… (25)
　二、研究目标 ………………………………………………………… (27)
第六节　研究方法、数据说明与研究框架 …………………… (28)
　一、研究方法 ………………………………………………………… (28)
　二、研究范围与数据来源 …………………………………………… (30)
　三、研究框架 ………………………………………………………… (31)

第二章　趋势：有机认证制度与全球有机农业结构调整…………………(32)
　　第一节　农业生产结构……………………………………………………(32)
　　第二节　农产品消费结构…………………………………………………(34)
　　第三节　农产品贸易结构调整……………………………………………(35)
　　第四节　市场分配结构……………………………………………………(36)
　　第五节　如何发展有机农业：有机认证制度视角的分析………………(37)
　　　　一、加强有机认证的政府补助…………………………………………(37)
　　　　二、建立多元化的有机认证制度市场体系……………………………(38)
　　　　三、注重有机认证制度体系的国际接轨………………………………(38)

第三章　有机农业产业演进与协作式供应链
　　　　——以山东肥城为例……………………………………………(39)
　　第一节　肥城有机农业产业演进的条件…………………………………(39)
　　　　一、地理条件……………………………………………………………(39)
　　　　二、经济社会条件………………………………………………………(41)
　　　　三、需求条件……………………………………………………………(43)
　　　　四、制度条件……………………………………………………………(45)
　　第二节　肥城有机农业的缘起与演进阶段………………………………(47)
　　第三节　肥城有机农业的发展现状与产业化发展趋势…………………(50)
　　　　一、肥城有机农业的发展现状…………………………………………(50)
　　　　二、肥城有机农业产业化发展对现代农业建立的作用和意义………(51)
　　　　三、政府在有机农业产业化发展中的作用……………………………(54)
　　第四节　肥城有机蔬菜协作式供应链的产生、类型与特征……………(55)
　　　　一、肥城有机蔬菜协作式供应链的产生………………………………(55)
　　　　二、肥城有机蔬菜协作式供应链的类型与运行机制…………………(56)
　　　　三、肥城有机蔬菜协作式供应链的特征………………………………(60)
　　第五节　本章小结…………………………………………………………(61)

第四章　肥城农户有机生产决策及影响因素分析……………………………(62)
　　第一节　农户有机生产技术采纳的文献述评……………………………(63)
　　　　一、农户技术采纳行为研究……………………………………………(63)
　　　　二、农户有机生产技术采纳研究………………………………………(64)
　　　　三、研究方法与变量选择研究…………………………………………(66)
　　第二节　理论模型构建与假设……………………………………………(67)
　　　　一、外部环境因素………………………………………………………(68)
　　　　二、有机农业生产技术因素……………………………………………(71)

三、对未来收入的预期…………………………………………………(73)
　　四、家庭内在因素………………………………………………………(74)
　第三节　实证分析……………………………………………………………(76)
　　一、数据来源……………………………………………………………(76)
　　二、样本农户基本特征的描述性分析…………………………………(78)
　　三、实证模型……………………………………………………………(85)
　　四、实证结果……………………………………………………………(86)
　第四节　本章小结……………………………………………………………(89)
　　一、结　论………………………………………………………………(89)
　　二、政策建议……………………………………………………………(89)

第五章　协作式供应链中农户与企业契约稳定性的经济解释……………(91)
　第一节　订单中的合作关系…………………………………………………(91)
　第二节　农产品供应链中农户与企业纵向协作行为的文献综述…………(92)
　　一、农户行为假设前提…………………………………………………(92)
　　二、农产品供应链纵向协作研究………………………………………(93)
　第三节　有机蔬菜协作式供应链中农户与企业合作的假设前提…………(95)
　第四节　有机蔬菜协作式供应链中各相关主体的关系与契约的建立……(97)
　　一、有机蔬菜协作式供应链中各相关主体的关系……………………(97)
　　二、契约关系的建立……………………………………………………(98)
　第五节　案例分析：有机蔬菜加工企业纵向协作选择行为………………(100)
　　一、典型企业选取依据…………………………………………………(100)
　　二、案　例………………………………………………………………(101)
　第六节　有机蔬菜种植户纵向协作行为选择分析…………………………(106)
　　一、有机蔬菜种植户销售方式选择……………………………………(106)
　　二、有机蔬菜种植户订单参与程度与动机……………………………(107)
　　三、与企业合作时间……………………………………………………(108)
　　四、农户与企业合作动机的因子分析…………………………………(109)
　第七节　有机蔬菜加工企业与农户契约稳定性的理论分析………………(111)
　　一、有机蔬菜加工企业守约的动因……………………………………(111)
　　二、农户履约与违约的理论解释………………………………………(112)
　　三、中介组织在加工企业与农户契约稳定性中的作用………………(113)
　　四、有机蔬菜协作式供应链中契约稳定性的经济解释………………(114)
　第八节　本章小结……………………………………………………………(116)

第六章 有机蔬菜协作式供应链与农户经济绩效分析······(118)
第一节 有机农产品供应链与农户经济绩效的文献述评······(118)
第二节 肥城市农户收入增长的描述性分析······(120)
第三节 农户有机蔬菜种植经济绩效分析······(123)
　　一、农户有机生产的成本收益分析······(123)
　　二、有机蔬菜与非有机蔬菜生产的经济绩效对比分析······(125)
第四节 参与有机蔬菜协作式供应链对农户收入影响的诠释
　　——基于多元线性(Multinomial Logit)模型的实证分析······(131)
　　一、农户有机生产投入情况······(131)
　　二、农户订单参与······(132)
　　三、研究假设······(132)
　　四、模型和数据分析······(132)
第五节 本章小结······(136)

第七章 国问:从有机农业到中国的食品安全······(137)
第一节 中国食品安全的发展阶段······(137)
第二节 中国食品安全的监管难题······(138)
第三节 中国有机蔬菜发展中面临的主要问题······(139)
　　一、土地流转机制不畅······(139)
　　二、劳动力不足严重制约了有机农业的发展······(142)
　　三、订单价格成为制约农户收入提高的重要因素······(143)
第四节 有机农业发展是解决中国食品安全的有效途径之一吗?······(143)
　　一、"农超对接"模式······(144)
　　二、"小毛驴市民农园"模式(简称"小毛驴"模式)······(144)
　　三、食品可追溯系统······(145)
　　四、食品安全控制标准体系······(145)
第五节 如何实现多赢:兼顾政府、企业、消费者与农户······(146)
　　一、政　　府······(146)
　　二、企业与农户······(147)
　　三、消费者······(150)
　　四、农　　户······(151)

第八章 选择:中国的有机事业与农民收入增长······(153)
第一节 扶贫还是收入持续增长?······(153)
第二节 主要结论······(155)

一、有机农业社会综合效益高,其产业化发展
　　有助于我国现代农业的建设 …………………………………(155)
二、农户是否采纳有机生产方式是影响有机
　　农业产业发展的关键所在 …………………………………(155)
三、有机产品的自然商品特性、中介组织的制度创新与
　　供应链纵向协作合约信誉的建立是有机蔬菜协作式供应链中
　　农户与企业契约关系稳定的重要影响因素 ………………(156)
四、从事有机生产的农户经济效益比常规种植户要高,
　　主要是因为农户得到更多的机会参与有机生产,并通过订单的
　　方式安排非农生产,同时家庭土地价值得以实现………(156)
五、小农户可以以被雇佣和自雇的方式参与果蔬协
　　作式供应链,因此,并不会因为果蔬协作式供应链的
　　出现而被排除在供应链之外 ………………………………(156)
六、有机农业的发展为农户尤其是小农户经济
　　收入增长提供了可行的方式之一 …………………………(157)
第三节　政策建议……………………………………………………(157)
　一、完善供应链管理 …………………………………………(157)
　二、土地有序流转 ……………………………………………(158)
　三、加大食品安全监管力度,规范有机认证市场……………(160)

参考文献……………………………………………………………(161)

后　　记……………………………………………………………(169)

导　言

一、研究背景

近 20 年来，全球食品安全危机频频爆发，国际上疯牛病、口蹄疫、二恶英、苏丹红一号、禽流感事件频发，国内毒奶粉事件不断（比如 2004 年阜阳大头娃娃、2008 年三聚氰胺、2010 年世界 500 强企业雅培奶粉出现虫尸），以及地沟油、瘦肉精、面粉增白剂事件，这些事件对消费者的身心健康都造成了较大的影响。以禽流感为例，禽流感的爆发让大家对高致病性 H5N1 病毒及其家族乃至人畜之间的关系有了新的认识。新的科学证据不断表明，1918 年造成 2000 万人死亡的致命"西班牙流感"也是源自禽流感[①]；又比如，疯牛病与其他疾病相比，容易导致青壮年人很快死亡，原因却是欧洲的农民把羊杂碎做饲料（肉骨粉）喂给牛吃，与羊相处几千年的病毒一旦到了牛身上就容易发生变异，在牛之间迅速传播，并通过食物链传给人。

有的学者提出，为什么现在中国人得疑难杂症的越来越多，除了不健康的饮食习惯外，和我们吃的食品不安全也有着非常密切的关系。根据美国《食品安全战略计划》（Food Safety Strategic Plan）提供的资料，美国每年有 8100 万病例和 9000 例死亡与食品有关，而 7 种主要的食品传播病原体每年导致的医疗费用和生产损失达 66 亿 – 371 亿美元。我国癌症发病率、死亡率呈上升趋势，这些都与环境污染及食品污染有很大关系（郑风田，赵阳，2003）。与中国经济同步发展的，还有中国国民肥胖的增长速度。与食品安全有关的问题，政府的管理是一方面。以前，中国的食品安全存在明显的多头监管问题，"八个部门管不了一头猪"的现象比较普遍。2009 年新《食品安全法》出台以后，2010 年国家层面的食品安全委员会正式成立，尽管取得一定的成效，但是依然存在比较多的问题。塑化剂、膨胀剂，这些化学名称，老百姓却从生活中学会了，这到底是幸运还是不幸？与此同时，中国经济依然保持良性的发展，并逐步取代日本成为世界第二大经济体。中国老百姓的口袋逐渐丰满了起来，但是国人在生活水平不断提高的同时，却越来越感到迷茫和困惑，我

---

① 研究发现 1918 年全球致命流感源自禽流感，凤凰卫视 2005 年 10 月

们到底应该吃什么？

　　进入21世纪以来，消费者对安全食品的需求不断提高，食品安全成为企业竞争力的关键因素。而消费者的这种需求在一定程度上，促进了有机农业在全球的迅猛发展，有机食品成为消费者的新宠。早在几年前专家就预计，到2010年，全球有机食品的贸易额将达到1000亿美元，美国等发达国家有机食品贸易额年增长率将达到20%—30%，其中大部分是进口。发展经济学家普遍认为，有机农业属于劳动密集型产业，从事有机农业的又主要是发展中国家的小农户。因而，有机农业是解决全球食品安全和缓解发展中国家小农户贫困、提高小农户家庭收入的有效方式。尤其是与其他有机传统种植业相比，有机果蔬行业能够创造更多的劳动就业机会，帮助更多的小农户摆脱贫困，改善家庭生活状况。

　　与国际发展趋势相比较，尽管中国有机农业起步晚，但是近年来发展也很快。有的学者亦认为，中国有机市场是世界有机农业增长最快的市场。尤其是2005年以来，中国的有机农业逐步走上规范化、标准化发展的道路，有机食品供给亦呈现快速增长趋势，这有助于中国农户收入的增长。但是，由于我国有机食品的消费市场还处于发展的初级阶段，从事有机生产的农户收入得以实现的前提条件是，生产出来的有机食品需要通过相应的供应链出口到国外发达国家消费市场或者是运输到国内大中型城市的专业市场，比如北京、上海、广州等城市的大超市、专卖店或者是采取直销的方式销售给特殊的消费者，这对从事有机生产的农户形成重要的约束。

　　消费者对安全食品需求的不断增长，亦促使采购商越来越多地要求对整个供应链进行追踪和追溯，进行独立认证。这种发展趋势使协作式或一体化的供应链成为生鲜产品的主要供货方式。所谓协作式供应链是指生产者、中间商、加工商及采购商就生产什么、生产多少、何时交货、质量和安全要求及价格等作出的长久安排。这些链条的领导者一般是中间商和食品公司。协作式供应链特别适合现代市场的物流要求，尤其是新鲜和加工的易腐败产品。一般研究认为，就农产品出口贸易而言，由于小农户产品供应量小、产品质量参差不齐、产品供应的随意性很强、组织起来比较困难，贸易和加工公司与小农户打交道有一定的困难，很难杜绝小农户偷偷施用农药和化肥的行为，由此所带来的经营风险与交易成本都会有所提高。因此，他们倾向于与种植大户或者是合作组织打交道。发展经济学家普遍比较担心的问题是，全世界的小农户很有可能被排除在协作式供应链的外面。

　　由于有机果蔬供应链有其自身的优势和特点，不少地区正将有机果蔬产业作为"高产、优质、高效"农业产业结构调整的重点，加以推广和发展。然而，中国有机果蔬产业链是否确实会将小农户拒绝在外，使其不能分享供应链价值增长所带来的收益？发展有机农业是否能够有效解决中国的食品安全问题？中国有机事业的发展与中国小农户收入的增长之间有何辩证关系？为了对上述问题进行研究，本书以肥城有机蔬菜协作式供应链为例，对小农户的采纳行为、与企业的合作行为以及由此所带来的经济绩效进行全面、综合分析，并在研究基础上对中国有机蔬菜产业及相关产业链的可持续发展提出适宜的政策建议，以促进农业的增效和农民的增收。

二、结构安排

第一部分，为导言与研究综述，即第一章和第二章。第一章，简要地阐述了研究背景和意义，说明研究目的、国内外有机农业与协作式供应链的研究现状、研究内容以及研究方法、数据来源以及研究可能的创新与不足。第二章，重点从有机农业加速发展对全球农业生产、农产品消费、贸易以及市场结构转变的影响的视角进行了归纳和梳理，并从有机认证的角度提出了有机农业未来适度发展的合理建议。

第二部分，即第三章，肥城市有机蔬菜产业的演进与协作式供应链的组建。该部分运用产业演进的相关理论，全面深入剖析山东省肥城市有机蔬菜产业演进的路径与规律。该地区有机蔬菜产业，在十多年的时间内从无到有，成为目前"全国发展最早、面积最大、质量最好、效益最高"的有机产业，成为该地区的主导产业和农户收入增长的主要来源之一。通过系统分析，本部分较好地解释了有机蔬菜产业作为一种新型产业，其演进所必须具备的各方面条件以及相应产业链运行的机制和特点。

第三部分，对从事有机蔬菜生产的农户行为进行分析，包括第四章和第五章。第四章，对小农户采纳有机生产方式的行为及其主要影响因素进行分析。在对国内外相关研究进行归纳梳理的基础上，本书提出了小农户采纳有机生产方式影响因素的理论框架，并在理论分析的基础上，通过实证调查，运用二元 logit 模型进行了验证。第五章，鉴于有机蔬菜协作式供应链中农户与企业之间的契约关系相比常规农产品供应链稳定的特点，本部分运用交易成本、合约信誉、准一体化等经济学基本理论对其进行了较好的诠释。

第四部分，即第六章，主要对农户种植有机蔬菜的经济绩效进行了探讨。包括两部分内容，一是对有机蔬菜种植户与非有机蔬菜种植户的生产成本与收益进行了比较分析；二是通过实证研究，运用多元线性模型，分析了参与有机蔬菜协作式供应链对小农户家庭收入的影响。

第五部分，对中国有机农业的发展与食品安全之间的关系进行辨证分析，主要包括第七章和第八章。第七章，侧重于从有机农业与中国食品安全发展的视角进行全面分析。伴随着中国有机农业在近年来的迅猛发展，中国的食品安全是否能够得到一定程度的改善？本部分包括五方面内容，一是对中国食品的发展阶段进行回顾；二是中国食品安全监管中存在的难题是什么？三是中国有机蔬菜发展中还面临着什么样的问题？四是对有机农业发展与食品安全之间的关系进行了一定的梳理。最后，就政府、企业、消费者和农户之间多赢局面的构建进行了较好设计。第八章，重点讨论了中国有机农业的发展与农民收入增长的关系，尤其是小农户参与与有机产品相关的高附加值全球价值链为其收入增长带来的正效益,这也是全书的核心思想所在。本部分最后在上述研究的基础上提出了合理化建议。

三、研究创新与不足

(一) 本研究可能的创新之处

1. 从理论上看,以协作式供应链为背景,对有机农业产业中国本土化发展的问题进行研究在国内几乎还是一个空白,国际上对此问题的研究也比较有限,缺少成熟的理论依据和分析范式。从这种意义上来说,本研究具有一定的理论价值。从实际运用上看,有机农业将成为21世纪世界农业发展的主流,有机农业中国本土化的发展对于农业增效、农民增收以及中国现代农业的建立意义重大。

2. 本研究以典型地区有机蔬菜产业为例,运用产业演进理论对有机农业中国本土化发展所具备的条件和特点进行了归纳和梳理,为有机农业产业化发展提供了一个一般性的分析基础。

3. 笔者提出,由于有机产品的特性,有机蔬菜协作式供应链的发展并不一定会将小农户排除在协作式供应链的外面。笔者通过对典型地区小农户的实地调查发现,有机蔬菜对劳动力的需求比较高,劳动力需求不足与加工企业加工能力有限是该地有机蔬菜产业发展中存在的突出问题。在有机蔬菜协作式供应链中,农户与企业相互依赖性强,由此,小农户可以通过低成本的运作参与有机蔬菜的生产而不会被排除在供应链的外面。

4. 本研究提出,有机果蔬协作式供应链中契约关系相对稳定的主要原因与组织、有机产品的特性以及供应链中企业与农户合约信誉的建立有关。对于农产品供应链中的纵向关系的研究,在国际国内学术界都有比较多的成果。但是,专门针对有机农产品协作式供应链中的农户与企业的纵向协作关系进行解释,在国内学术界几乎还是空白,因而本研究对于进一步从供应链的角度研究有机农业的发展具有一定的理论参考价值。

5. 本研究采用更广义的成本收益概念对典型地区小农户生产有机蔬菜的经济绩效进行了比较分析。研究认为,对于有机蔬菜生产的成本收益考虑,应该将劳动力成本与土地成本(收益)考虑在内,这为以后有机生产成本收益的分析提供了新的分析范式。在有关成本收益的对比分析中,本研究也得出了一些有价值的结论,比如:"有机蔬菜种植的土地集约性,使农户的土地价值得到了货币体现";"有机蔬菜种植户对收入的预期更加稳定,有更多的机会可以安排非农就业,从而提高家庭的收入";"目前,有机蔬菜与常规蔬菜生产的成本差别不大,新技术的采纳对农户成本的降低起到重要作用,政府应该加大对有机生产技术的研发和推广,从而推动有机农业在中国的发展"。

(二) 本研究存在的不足与有待进一步研究之处

对有机农业发展的研究，在中国起步较晚，时间还不长，特别是大量规范性的研究数据库都还处于建设阶段，许多宏观数据都很难获得。同时，笔者知识浅薄，又受到研究时间、研究经费、研究精力等多方面的限制，研究中难免存在不足，有些问题还有待进一步深入，主要有：

首先，由于调查点不足、样本有限等问题，从而使研究没能按照十分严格的计量经济学要求建模，也就无法发现所选的样本是否有系统误差，并从样本中发现全国的总体情况是怎样的。

其次，尽管本书在农户收入、农户有机蔬菜种植面积、劳动力等方面采取了跨年度的数据，但是在其他分析中则更多采取的是 2006 – 2007 年的横截面数据，这使研究的动态分析方面有所欠缺，这也是笔者今后进一步努力的方向。

第一章 中国食品安全与小农户研究的理论基础

第一节 世界有机农业与中国

人均GDP是反映一个地区综合经济实力的重要指标之一。根据世界银行的标准,人均GDP达到1000美元之后,食品消费将进入一段快速增长期,这段增长期可以维持20－30年;人均GDP达到4000美元,人们开始注重追求生活质量,居民消费结构升级倾向将变得越来越明显,消费热点将集中在住房、汽车、通信器材、文化娱乐类消费等项目上。人均GDP达到5000－7500美元的发展阶段是进入发达经济圈的准备阶段。相关研究表明,中国1999年GDP已接近1000美元。根据国际经验,中国消费者对食品的追求进入新的发展阶段。

伴随困惑与收入的增长,消费者食品安全意识不断提高,促使有机农业在全球快速发展,尤其是在以美国、欧洲、日本等国家为代表的发达国家和地区。以欧洲为例,早在1997年,欧盟各国平均有机耕地就占到了耕地的1.7%,其中澳大利亚为10.1%,芬兰为4.7%,意大利为4.3%,瑞典为3.8%,丹麦为2.4%,德国为2.3%,各国都制定了农业环境计划并将有机农业作为其农业环境计划的重要组成部分（Dbabert et al,2004）。从1985－2002年,欧洲的有机农场从无到有,数量增长到约14万个;从事有机生产的农户近13万户（参见图1－1）。

截至2003年底,有机面积占耕地面积的比例是:澳大利亚9.7%,比利时1.7%,丹麦6.1%,芬兰7.2%,法国0.9%,德国4.3%,希腊6.2%,意大利6.9%,瑞典7.4%,英国4.4%,美国0.2%。[①]

2006年的统计数据亦表明,目前世界上约有120个国家从事有机农业生产,全球有超过5100×10⁴公顷的有机土地面积（包括野生采集植物）,至少有62万个有

[①] 转引自杨万江,《安全农产品的经济绩效分析》,浙江大学博士学位论文,2006年,第28页。

机农场（包括小农户农场）。从各国有机农田与总的农田面积的比例来讲，排名前十位的都是欧洲国家，前三位分别为列支敦士顿（26.40%）、奥地利（13.53%）和瑞士（11.33%）。从各大洲有机面积占全球有机面积的比例来讲，澳洲的有机面积占了世界有机面积的39%，位居第一，欧洲居第二（占21%），南美洲以20%居第三。从有机农田在总的农田面积中所占比例来讲，欧洲的比例最高，从农场数目来讲，南美洲的有机农场数目最多。①

尽管全球有机农业生产和贸易的份额占世界农业生产和贸易的比例仅为1%左右，但是有机食品行业可能是全球发展最迅速的行业。②

而且，随着全球消费者食品安全意识和对有机农业认识的提高，会有更多的人购买有机食品，从而带动更多的农户转入到有机生产行业中。相关研究表明，截至2006年底，瑞士有机农业占农业的比重接近8%；澳大利亚有超过2万个有机农户，占农业的比重约为10%；瑞典有机农业的比重基本在10%的水平上；意大利的有机农户已从1996年的1.8万个迅速增加到了现在的4万个。非洲有机农业发展势头也日益强劲，虽然非洲地区有机农业发展速度不及其他地区，但其发展同样引人注目，比如乌干达有机农业生产的棉花占全世界的10%。

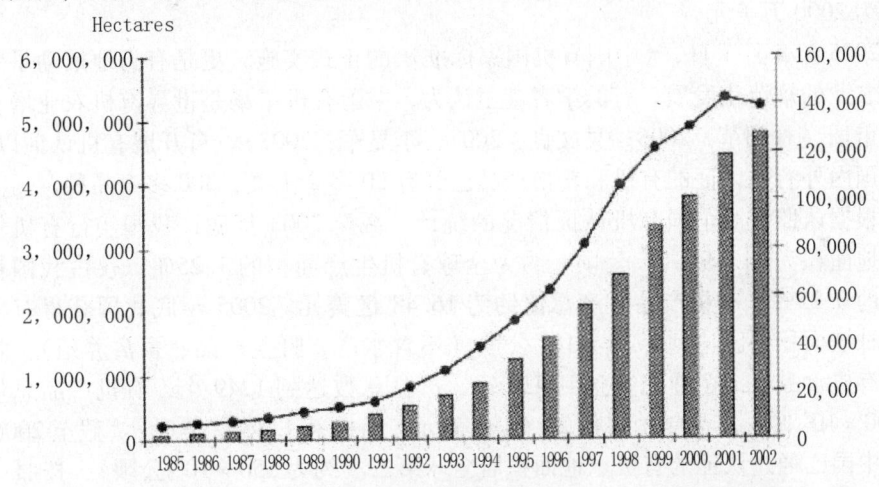

图1-1　1985-2002欧洲有机农场管理面积和有机农户发展趋势图
资料来源：英国威尔士有机中心，SOEL，FIBL。

目前，有机农业的生产者主要是发展中国家的农户，消费者主要以西方发达工业化国家消费者为主。由于有机农业属于劳动密集型产业，从事有机农业的又主要

---

① 科学技术部中国农村技术开发中心，《有机农业在中国》，北京：中国农业科学技术出版社，2006年，第6页。
② 科学技术部中国农村技术开发中心，《有机农业在中国》，北京：中国农业科学技术出版社，2006年，第6页。

是发展中国家的小农户，因而有机农业成为解决全球食品安全问题、保护生态环境、缓解发展中国家小农户贫困、提高农民收入的有效方式。有机农业在满足消费者食品安全需求的同时，又为从事有机生产的农户，尤其是发展中国家的小农户提供了收入增长的新源泉。几年前专家就预计，到2010年，全球有机食品的贸易额将达到1000亿美元，美国等发达国家有机食品贸易额年增长率将达到20%－30%，其中大部分需要进口。因此，全球有机食品贸易额快速增长的势头，将为包括中国在内的发展中国家小农户从事有机农业生产提供宽广的就业舞台和致富途径。

中国的有机农业起始于20世纪80年代开展的生态农业，尽管起步晚，但发展较快。1995年整个中国只有4个生产加工单位的3种物品通过了国家环保总局有机食品发展中心（OFDC）认证。但是，到2000年时，通过OFDC认证的农场、加工厂和贸易单位已经增加到83个。1996－2000年，经OFDC和由其代理的国际有机作物改良协会（OCIA）南京分支机构有机生产认证的面积从32.7万亩增加到93.25万亩，有机生产认证面积平均每年以30%的速度递增。从有机产品出口创汇的角度分析，相关统计资料表明，1995年，我国有机产品的出口贸易总额仅为30万美元，1997年达到800多万美元，1999年又猛增到1500万美元，2000年出口贸易额为2000万美元。[①]

2005年4月1日，《中国有机国家标准》的正式实施，更是有力地推动了中国有机农业的规范化发展。有的学者甚至认为，中国有机市场是世界有机农业增长最快的市场（杜相革，2006；吴文良，2007；李显军，2003）。自开展有机认证以来，获得国内外有机认证的有机和转换产品已经有20多个大类，300多个品种。

根据认监委对全国有机认证情况的统计，截至2003年底，我国实行有机耕作的土地面积为34.26×10^4公顷，约为全球有机生产面积的1.25%，仅占我国耕地面积的0.25%，有机产品生产总值约为16.48亿美元。2005年底我国获得有机认证的种植面积则已达到97.8×10^4公顷（不含水产、野生产品、畜禽养殖），农业系统有机食品认证企业总数达到416家，产品总数达到1249个，有机产品总量接近100×10^4吨，产品年销售额29.68亿美元，出口额1.36亿美元[②]。截至2006年底，中国已通过认证的有机土地面积居全球第二（约为350×10^4公顷），按照《中国有机产品》国家标准认证的企业已经达1574家，有机认证面积169万公顷，有机转换面积61万公顷。[③]

OFDC统计数据表明，近几年我国有机食品的年出口额和年产量增长率都在30%以上。更为重要的是，中国有机产品的增长潜力巨大，早在几年前专家就预计，到2010年，我国的有机产品占国内食品市场的比例有望达到1.0%－1.5%，

---

① 包宗顺，《中国有机农业发展对农村劳动力利用和农户收入的影响》，中国农村经济，2002（7）。
② 数据来源：中绿华夏有机食品认证中心，2006年6月28日。
③ 当前我国有机农业还缺少全国性的规范统一的数据。

占全球有机食品市场的份额可达到 3.0%。[①]

不少出口经销商亦以此为重要的商机，从事有机农产品的生产与加工贸易。

另外，从有机生产发展的区域来看，我国绝大多数有机食品生产基地主要分布在沿海地区和东北各省区。近几年来，西部地区利用西部大开发的机遇，发展有机畜牧业，也呈现出良好的发展势头。从有机生产的面积来看，东北三省最大；从产品加工程度和质量控制来看，上海、北京、浙江、山东、江苏等省份优势较为明显。今后几年，新疆、内蒙古、宁夏、甘肃等省区有机农业有望凭借环境和资源优势以及当地政府逐步出台的优惠产业扶持政策，获得快速的发展。东部省份将继续发挥产品链和市场优势，在有机加工产品和拓展国际国内市场方面，保持优势。[②]

与此同时，当前果蔬农产品市场正逐渐由单一的传统国内市场细分为以下三种市场：传统国内市场、新型的现代国内城市市场以及工业化国家市场（世界银行，2006），每种市场都既包括加工产品，也包括新鲜产品。

日益显现的现代城市国内市场，主要是指国内的超市、旅游饭店、餐馆中食品安全意识不断增强且收入较高的消费者市场。在这种市场中，买卖双方的信任度变得越来越重要，企业竞争力的形成主要依赖充足的数量和更好的质量。[③] 和世界其他地方一样，随着收入水平的提高和食品安全信息的增加，中国城市消费者的食品安全意识越来越强。浙江统计局关于什么是最主要的食品安全问题的问卷调查表明，74.4%的回答与蔬菜水果的农药残留有关。

工业化国家市场，主要是指欧美、日本等发达国家的零售市场和现代餐饮业。在这种市场中，加强生产者之间的合作可以有效地降低供应链的交易成本和信心成本，并建立可以信赖的协作伙伴关系。供应链上各方之间经常是以合同为基础建立长期的合作伙伴关系。供应链上企业竞争力的形成主要依赖于数量大并且有效的协作式供应链，从而对不断变化的需求作出灵活反应。这种市场上由于消费者需求比较高，零售商对供货商要求非常严格。因此，食品安全的控制比较有效。

为了满足高端消费者对安全食品的需求，经销商对优质农产品提出了新的要求。采购商越来越多地要求对整个供应链进行追踪和追溯，进行独立认证。这种发展趋势使协作式或一体化的供应链成为生鲜产品的主要供货方式。[④] 所谓协作式供应链，是指生产者、中间商、加工商及采购商就生产什么、生产多少、何时交货、

[①] 吴文良，《有机农业概论》，北京：中国农业出版社，2004年，第167页。

[②] 科学技术部中国农村技术开发中心，《有机农业在中国》，北京：中国农业科学技术出版社，2006年，第21-25页。

[③] 世界银行，《中国水果和蔬菜产业遵循食品安全要求的研究》，北京：中国农业出版社，2006年，第44-45页。

[④] 世界银行（2006）：关于一体化供应链是指水果和蔬菜产业里那些既从事生产又从事贸易的跨国公司；协作式供应链是指供应链上不同私营机构间的合作。有些研究（世界银行，2004）用"融合型"兼指上述两种供应链。

质量和安全要求及价格等作出的长久安排。这些链条的领导者一般是中间商和食品公司。协作式供应链特别适合现代市场的物流要求，尤其是新鲜和加工的易腐败产品。

而作为果蔬产品提供者的小农户，提高农业生产效率的关键手段之一就是农用化学要素的大量施用，如化肥、农药等（Huang etc., 2002）。这导致果蔬出口贸易加工公司与小农户打交道存在一定的困难，比如，小农户产品供应量小、产品质量参差不齐、产品供应的随意性很强、组织起来比较困难，很难杜绝小农户偷偷施用农药和化肥的行为，由此带来的经营风险与交易成本都会有所提高。因此，经销商优选供应商，供应商则尽可能地减少与分散小农户的合作，而与大户合作。

第二节　国内外研究现状

不少专家学者认为，21世纪是供应链竞争的年代，协作式供应链是企业提高竞争力的关键所在，并成为未来的发展方向。

一、农产品供应链研究

与制造业相比，农产品供应链具有自己鲜明的属性，比如：农产品的易腐性、基于农户投入的供应质量和数量的变化、农产品自身的生产周期、许多农产品的消费缺少弹性、消费者对于农产品和生产方法的关注、原材料的质量对生鲜产品如牛肉和蔬菜等最终加工产品质量的影响以及农产品对资金的需求和可获得性等等（潭涛，2004）。现有关于农产品供应链的研究主要集中在供应链对生产者安全食品供给的影响、供应链结构优化与效率提高的讨论。

关于供应链对生产者安全食品供给的影响，夏英等（2001）学者最早将研究的眼光投向生产者身上，他们借鉴发达国家质量标准体系建设和供应链综合管理的经验，认为中国食品安全管理制度应建立在安全农产品生产行为的基础上。胡定寰（2006）认为，尽管安全生产已经成为生产者的潜意识，尤其是中国面临着不断增长的对安全、优质农产品的市场和出口需求压力，但是要求分散的农户大量地、持续稳定地供应安全、优质农产品，关键在于要将他们组织起来，在技术上进行辅导，在生产过程中予以监督。Starbird（2000）and Henson（2001）等认为，食品供应者受市场驱动和食品安全管制约束，除了减少因违反管制受到惩罚或承担责任所带来的经济损失外，能够在消费者中提高企业声誉并由此带来收益也成为企业提供安全产品的主要动机。

关于农产品供应链的组织效率与结构优化，国内外学者亦开展了大量的研究。

比如，Mighell 和 Jones 最先提倡在农业中进行纵向整合，他们认为，相比较技术革新，组织设计（又称为"纵向协调"）更能够影响一个行业未来的发展方向；Denouded（1996）等学者相信农产品供应链特殊的市场需求以及农产品的自然属性将促使原有农产品链重新整合以提高整个链条的效率与价值；Maze 等（2001）分析了食品供给链中食品质量与治理结构的关系问题；Barkema（1993）认为，契约和整合方式的出现，使顾客需求延着链条向食物生产者传递的能力得到增强[①]；又比如，陈超、罗英姿（2003）建议，在建立农产品供应链组织合作机制时加入信息代理这一中介组织。他们认为，信息代理中介组织的存在不仅能够督促企业与农户履约，而且有利于龙头企业与农户利益的均衡。

另外，也有学者对农产品供应链发展中存在的问题进行了研究，并在此基础上提出了一定的研究对策，比如黄祖辉（2005）、陈淑祥（2005）等。

二、蔬菜供应链研究

经验研究认为，蔬菜供应链中存在的主要问题是生产者和消费者之间的信息不对称问题的存在导致供应链的低效率。现代供应链相比较传统供应链，具有明显的优势，但是这种供应链在蔬菜供应链中的比例偏低（Cadilhon，2006）；方志权（2003）、王学真（2005）等学者对蔬菜供应链发展中存在的主要问题进行了梳理；杨为民（2006）结合威廉姆森的理论以及现实中存在的诸多案例，提出了蔬菜供应链结构一体化的观点。所谓供应链结构一体化是指大企业承担起蔬菜生产—收购—加工—运输—零售等环节的主要任务，对蔬菜供应链实现企业化运作管理。供应链结构一体化运作的主要目的在于降低交易成本。根据核心企业在供应链中所处的位置，杨为民将供应链结构分为三种类型，即生产商主导型、运输商主导型以及零售商主导型。其中，生产商主导型是指当蔬菜生产商具有相当实力时，自己组织蔬菜运输，直接运往目的地，拟或在超市等供应链终端进行销售，使生产商延伸直接面对市场（消费者），这种方式不仅可以减少中间环节，更为重要的是可以直接了解市场需求信息，根据市场行情有序地调整生产。生产商主导型的结构供应链是本研究的主要研究重点之一。

三、果蔬协作式供应链研究

果蔬协作式供应链的研究在国内还比较少。果蔬协作式供应链的发展，适应了供应链整体效率不断提高的需求。当前，面向工业化国家市场的出口商和加工企业

[①] Barkema A. Reaching Consumers in the twenty - First Century: The Short Way around the Barn. Amer J Agr Eecono75. 1993，P1126 - 1131.

为了及时满足消费者对食品安全不断增长的需求，已不再从传统的批发市场进货，他们对果蔬质量、安全、数量、产品一致性及交货时间的要求很高，并越来越多地要求对整个供应链进行追踪和追溯。这些发展趋势使协作式或一体化的供应链（定义见下节基本概念）成为生鲜产品的主要供货方式，在有些地区，协作式供应链正在日益加强。[①]

世界银行对果蔬供应链的研究主要是从小农户协作式供应链参与的角度出发。研究认为，在许多情况下，小农户是高效且低成本的生产者，小农户的主要优势在于他们用于劳动密集型产品的生产成本通常比大型商业农场的生产成本低20%－40%。在印度、泰国、秘鲁等国家，协作式供应链为小农户收入增长以及食品安全控制带来了比较稳定的收益和效益。但是，他们的经验亦表明，要取得外包生产安排的成功，常常需要某种形式的生产者组织（Van der Meer 2004、Eaton 和 Shepherd 2001），因为供应商对合作者选择的偏好，协作式供应链的出现很有可能将分散的小农户排除在供应链的外面（世界银行，2006）[②]。

由上面的研究我们可以发现，尽管对农产品供应链，尤其是蔬菜供应链的研究正在国内兴起，但是，将有机蔬菜与协作式供应链结合在一起，对有机果蔬协作式供应链中的农户行为进行研究，在国内还是空白，国际上对此问题的研究也比较有限，缺少成熟的理论依据和分析范式。当前，包括有机蔬菜在内的有机农业在国际国内发展非常迅速，对于我国农业增效和农民增收意义重大，迫切需要理论上的不断发展和有力支持。由此可见，本研究在国内是比较新颖而有意义的。

第三节　几个基本概念

一、有机农业、有机食品与有机认证

关于有机农业（Organic Agriculture）的定义比较多，但主要是以国际有机农业运动联盟（International Federation of Organic Agriculture Movement，简称 IFOAM）为蓝本指定的。有机农业在国外也叫"生态农业"、"生物农业"，是遵照有机农业生产标准，在生产中不采用基因工程获得的生物及其产物，不施用任何化学合成的农

[①] 世界银行，《中国水果和蔬菜产业遵循食品安全要求的研究》，北京：中国农业出版社，2006年，第23页。

[②] 世界银行，《中国水果和蔬菜产业遵循食品安全要求的研究》，北京：中国农业出版社，2006年，第42页。

药、化肥、生长调节剂、饲料添加剂等物质，而是遵循自然规律和生态学原理，协调种植业和养殖业的平衡，采用一系列可持续发展的农业技术，维持稳定的农业生产过程，其生产技术的关键是依靠有机肥料和生物肥料来满足作物生长对养分的需要，同时必须利用生物防治措施，如生物农药、天敌等进行病虫害的防治。

有机农业的历史最早可以追溯到1909年，当时美国农业土地管理局长King考察了中国的农业，并总结出中国农业数千年兴盛不衰的经验，于1911年写成了《四千年的农民》一书。书中指出，中国农业兴盛不衰的关键在于中国农民的勤劳、智慧和节俭，善于利用时间和空间提高土地产出率，并以人畜粪便和农场废弃物堆积沤制成肥料等还田培养地力（张玉礼等）。1924年，德国的鲁道夫·施泰纳（Rudolf Steiner）开设"农业发展的社会科学基础"课程。其理论核心为：人类作为宇宙平衡的一部分，为了生存必须与环境协调一致；企业作为个体和有机体，要求饲养反刍动物，使用生物动力制剂，重视宇宙周期。[①] 此后，有机农业作为一门追求宇宙、自然界与人类和谐相处的学科，开始发展起来。迄今100多年的时间里，有机农业的发展可以分为启蒙阶段（1909－1970年）、发展阶段（1970－1990年）、增长阶段（1990－2000年）、全面平稳发展阶段（2000年至今）四个阶段。1972年，国际上最大的有机农业民间组织机构——国际有机农业运动联盟（IFOAM）成立，标志着国际有机农业进入了一个新的发展阶段。1999年，IFOAM与联合国粮农组织（FAO）共同制定了《有机农业产品生产、加工、标识和销售准则》，对促进有机农业的国际标准化生产产生了积极而深远的意义。中国于2005年4月出台了GB/T19630－2005有机产品国家标准，对有机生产、加工、标志和销售以及管理体系四个方面进行了明确的规定。尤其是进入21世纪后，发达国家有机农业的发展渐渐平稳，而消费者对有机食品的需求却不断高涨。在这种背景下，发达国家对来自于发展中国家的有机食品供给需求日益增强，并逐渐带动发展中国家有机食品的发展。

总的来说，发展有机农业不仅有助于提高农户收入、解决劳动就业，同时有利于农村环境的改善和农村的可持续发展。有机农业的发展在21世纪的发展意义深远。

有机食品（Organic Food）是指根据有机农业和有机食品生产、加工标准而生产加工出来的，经过授权并由有机食品颁证组织发给证书、供企业加工或人们食用的一切农副产品，包括粮食、果蔬、奶制品、畜禽产品、蜂蜜、水产品、调料等。除有机食品外，有机产品（Organic Products）还包括有机纺织品、有机化妆品、有机林产品，甚至有机家具等。与有机食品相关的概念还有安全、绿色食品和无公害食品。从严格意义上说，安全食品的概念比较宽泛，起源于消费者对食品安全的关

[①] 科学技术部中国农村技术开发中心，《有机农业在中国》，北京：中国农业科学技术出版社，2006年，第12页。

注，包括有机食品、绿色食品和无公害食品。绿色食品是指遵守可持续发展的原则，按照特定生产方式生产，经过专门机构认定，许可使用绿色食品标志，无污染的安全、优质、营养类食品（中国标准出版社第一编辑室，2003）。绿色食品分为AA级和A级两个等级。"无公害食品"一词来自于农业部启动的"无公害食品行动计划"，根据《无公害农产品管理办法》第一章第二条的规定，"无公害食品"是指"产地环境、生产过程和产品质量符合国家有关标准的要求，经认证合格获得认证证书并允许使用无公害农产品标志的未经加工或者初加工的食用农产品"。①

目前，美国、欧洲、日本等国家和地区已经成为世界上主要的有机食品消费国，而发展中国家参与全球有机农业的身份则是主要作为有机食品的生产国。从贸易格局上进行分析，主要是发展中国家出口到发达国家的单向贸易流，发达国家在一定程度上依赖发展中国家的出口。究其原因，主要由以下两个特点决定：一是美国、欧洲、日本这些国家和地区的国民环保意识、食品安全意识比较高，消费者的教育背景和对有机食品的认知程度较好；二是有机食品的价格比较高，一般为普通食品的2–3倍，美、欧、日这些国家和地区的生活水平相对较高。

根据国际有机农业运动联盟的标准，有机食品需要符合以下三个条件：一是有机食品的原料必须来自有机农业生产体系或采用有机方式采集的野生天然产品；二是必须按照有机农业生产和有机食品加工标准而生产、加工、包装、储存、运输，有机产品销售后必须有完善的质量跟踪审查体系和完整的生产及销售记录；三是加工出来的产品或食品必须经过独立的有机食品颁证组织全过程的质量控制和审查，符合有机食品生产、加工标准并颁发证书。

国内外对有机食品认证的定义比较多，有的也称为有机农业认证、有机食品标准或者简称为有机认证（Organic Certification）。根据国家环境保护总局有机食品发展中心的定义，有机认证主要是对体系及其过程的一种认证，对产品的认证是在对体系及其过程认证的基础上展开的，也是对体系认证的结果。② 有机认证是有机食品认定的重要标志，只有标有有机认证标签的食品才能够称为有机食品。没有有机认证标示的产品不能称为有机食品。所以，消费者在购买有机食品的时候一定要学会看认证标志。

目前，有机食品生产行业是世界上增长最快的行业，有机食品生产行业属于"朝阳产业"。OFDC预计在今后10年，中国的有机食品占国内食品市场的比例有望达到0.3%–0.5%，中国出口的有机食品占全球有机食品国际贸易的份额则有望达到5%，甚至更高。③

---

① 农业部、国家质量监督检验检疫总局第12号令，2002年4月29日公布。
② 国家环境保护总局有机食品发展中心，《有机食品的标准认证与质量管理》，北京：中国计量出版社，2005年，第56页。
③ 李显军，《国内外有机食品法规汇编》，北京：化学工业出版社，2004年，第32页。

有机农业和有机食品的标准化发源于民间团体，世界上第一个有机标准可能是英国土壤协会早在1967年制定的协会性质的有机农业标准。1972年，全球性民间团体国际有机农业运动联盟成立，这为有机农业和有机食品的标准化带来了新的契机。1991年，欧洲议会颁布了 VO（EWG）Nr.2092/91 法案，即《有机农业和有机农产品与有机食品标志法案》，简称《欧洲有机法案》，其主要目的之一在于保护生产者和消费者的利益，并促进私人认证的发展。欧洲有机法案的出台为有机认证标准化提供了新的蓝本。

目前，国际有机农业与有机农产品的法规和管理体系主要分为3个层次，分别是联合国层次、国际性非政府组织层次和国家层次。联合国层次的有机农业与有机农产品标准是由联合国粮农组织（FAO）与世界卫生组织（WHO）制定的，是《食品法典》的一部分。国际有机农业运动联盟的基本标准属于非政府组织制定的有机农业标准，其影响深远，甚至超过了国家标准。国家层次的有机农业标准以欧盟、美国和日本为代表。1990年，美国颁布了《有机农产品生产法案》，美国有机农业标准语2002年8月开始正式执行。1993年，欧盟发布了有机农业条例 EU2092/91，适用于其成员国的所有有机农产品的生产、加工和贸易（包括进口和出口）。日本于2000年4月份推出了《日本有机农业法》，并于2001年4月开始正式执行。①

中国的有机认证始于20世纪90年代初。2001年8月，国家认证认可监督委员会（CNCA）正式成立，各部门认证认可工作统一由认监委管理。认监委行政上由国家质量监督检疫总局管理，负责对认证机构的资格审批及认证市场的行政管理和监督，并对认证市场及认证活动的有效性进行监督，包括对认可机构、认证机构、认证企业及产品的监督管理。2003年，CNCA 接管有机产品认证的监管权后，开始制定有机农业认证国家标准，推动了中国有机农业的规范化发展。2005年1月19日，我国有机产品生产和加工认可国家标准——GB/T19630-2005《有机产品》出台并正式实施，这结束了我国有机产品无国家标准的历史，也改变了我国多年来有机产品认证机构多、评价标准多、评价要求不统一、不规范、甚至是虚假认证的现状，为推动我国有机事业发展以及提高我国有机产品生产及认证的水平提供了技术基础，为有机农业的规范发展提供了较好的制度保障。②

中国的有机农业国家标准为系列标准，包括有机生产标准、有机加工标准、有机产品标识与销售标准、管理体系标准4个部分。起草单位有中国标准化研究院、国家环保总局有机食品发展中心、中国农业大学有机农业研究中心、杭州万泰认证

---

① 科学技术部中国农村技术开发中心，《有机农业在中国》，北京：中国农业科学技术出版社，2006年，第8页。
② 科学技术部中国农村技术开发中心，《有机农业在中国》，北京：中国农业科学技术出版社，2006年，第289页。

有限公司、中绿华夏有机食品认证中心、中国合格评定国家认可中心等。

目前，国内从事有机农产品的认证企业有2300余家，但是相关认证主要是由中绿华夏有机食品认证中心、杭州万泰认证有限公司、国家环保总局有机食品发展中心以及中国社会科学院有机茶认证中心（OTRDC）四大认证机构承担。其中，经中绿华夏有机食品认证中心认证的占总认证企业的30%，经国家环保总局有机食品发展中心认证的占18%，杭州万泰认证有限公司的认证占总认证企业的11%，中国社会科学院有机茶认证占总认证的24%，其他认证占17%（参见图1-2）。

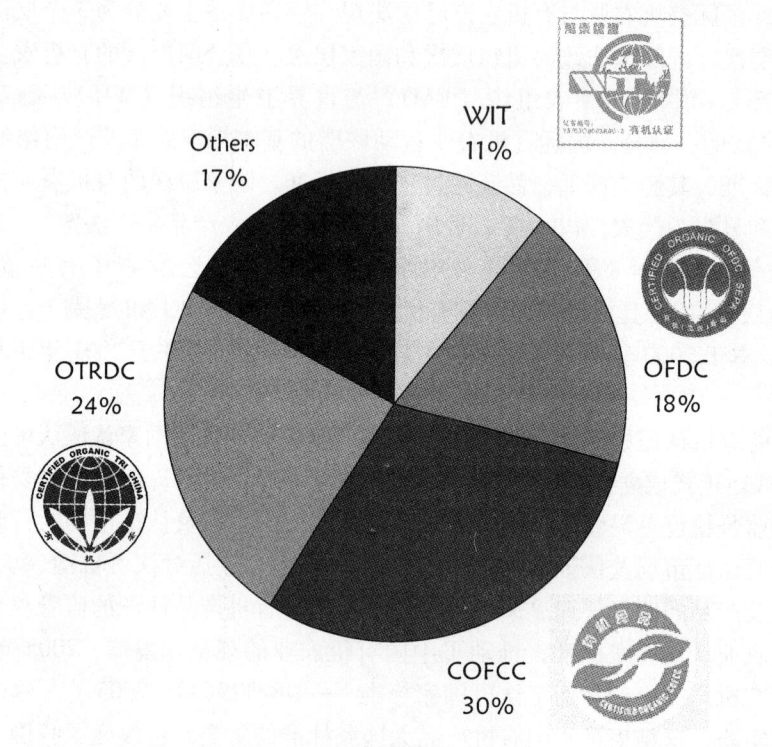

图1-2 有机认证机构分布

资料来源：农业部有机食品认证中心，李显军。

（2007年国际有机农业会议材料）

为了保证有机产品的质量，检测检验是有机产品生产加工贸易的重要组成部分。对有机产品的监测检验包括对有机产品生产基地的监测检验、对有机食品加工厂的监测检验以及对出口贸易环节的监测检验三部分。

生产基地的检查涉及生产的各个环节，包括基地周边的空气、水质、土壤的条件、种子、幼苗的来源，边界与缓冲区、隔离带的设置，产品的可追溯体系、禁用物质施用证据等，最重要的是评估生产者是否理解有机生产的原理和标准，是否有足够的知识、技术与检验来处理生产中存在的问题。[①]

有机食品加工环节的监测检验，重点在于原料来源、质量保证体系的建立、厂房设施的害虫管理、卫生管理、有机生产加工记录、水质分析报告、跟踪审查系统的准确性、三废处理情况、配料组成百分比计算等方面，关键是确保有机产品在整个加工过程中不受污染，有机产品和非有机产品能够严格地区分，这有助于解决生产者和消费者之间的信息不对称，促进有机食品的消费。比如：山东省安丘市东和食品公司对有机食品进行规范化的档案化管理，并将田间生产档案全部上网，向国内国外公开。无论是国外消费者还是国内消费者，只要购买了该公司的有机产品，都能够根据所附标签上的检索号码上网查询，并清楚完整地知道这个有机产品在基地是如何生产出来的。

有机产品贸易的检查是为了保证有机产品在贸易运输的过程中不受污染，确保没有假冒伪劣产品以次充好。为了增强对农药残留的监测检验能力并为出口企业提供检验服务，国家质检总局在实验室建设和设备购置方面作了大量的投入。

二、有机蔬菜产业与有机蔬菜供应链

在产业经济学中，"产业"的内涵是指所有从事营利性经营活动并提供同一类产品或劳务的组织群体，是一个居于微观经济个体与宏观经济整体之间的中介组织。有机蔬菜产业是指涵盖有机蔬菜原料生产供应、收购加工、销售贸易以及有机蔬菜科技支撑、技术推广、服务以及有机蔬菜社团组织在内的集合体。

"民以食为天，食以菜为先"，足见蔬菜对于人的重要性。有机蔬菜是国外有机食品中发展较快的产业。中国不仅是果蔬的消费大国，也是世界第四大果蔬出口大国。过去10年间，中国的蔬菜出口在世界蔬菜出口额中所占的比例增加到7%；2000－2004年间，中国的蔬菜出口总量逐年增长，从2000年的269.90万吨增长到2004年的495.98万吨，出口总量增长226.08万吨，在2000年的基础上翻了一番。[②] 而随着近年来，发达工业化国家贸易技术壁垒的不断提高和消费者对食品安全需求的不断增长，劳动密集型的有机蔬菜的出口数量亦呈逐年增长趋势。这些变化促进了国内的经济增长和就业，尤其是沿海地区的经济增长与就业，促进了有机蔬菜产业在国内的迅速崛起。

从国内市场的消费来看，随着人们对健康的追求，蔬菜产业在中国有较快的发展。简单来看，进入21世纪以来，中国居民对蔬菜的消费需求具有以下几个明显特点：一方面，蔬菜的需求总量不断扩大。蔬菜是人们最基本的生活消费品之一，需求弹性小，它不会随居民收入水平的提高而发生明显变化。但我们看到，随着城

[①] 郁樊敏等，《有机农业与有机蔬菜栽培》，上海：上海财经大学出版社，2001年，第118页。
[②] 刘瑞涵等，《中国蔬菜产业外向型发展研究》，北京：中国农业出版社，2006年，第27页。

市化进程的不断扩大，城市化人口急剧膨胀，人口数量的增长将导致蔬菜需求总量的增长。与此同时，对蔬菜品质的要求高，有机蔬菜供不应求。随着经济的发展，人们对蔬菜的需求越来越趋向安全性、自然化、保健化，这必将导致传统的大宗蔬菜需求相对稳定，而有机蔬菜将会供不应求。2009年中国人均GDP达到约3603美元，城镇居民人均可支配收入达17175元，比2000年的6280元提高了近174个百分点，居民的可支配收入大大提高，相关部门的研究亦显示，收入较高的居民对蔬菜的需求在数量基本稳定的同时，对质量提出了更高的要求。有机蔬菜以其卫生、安全、口感好赢得了高收入人群的青睐，并且得到了越来越多消费者的认同和接受，促使有机市场不断扩大。

与无公害蔬菜形成鲜明对比的是，有机蔬菜的生产对生产基地的要求非常严格，必须远离城区、工矿区、交通主干线、工业污染源、生活垃圾场等。由表1-1可以看出，从事有机生产不仅对土地的质量有严格的要求，而且对生产基地周边的环境以及水质都有特殊的要求。国家认证规定明确指出：转换期的开始时间从提交认证申请之日算起。一年生作物的转换期一般不少于24个月转换期，多年生作物的转换期一般不少于36个月。转换期内必须完全按照有机农业的要求进行管理。北京蟹岛目前是北京发展有机蔬菜最大的生产基地，是奥运蔬菜基地，国务院定点采购单位，2000年开始有机蔬菜的生产，基地抛荒三年，共有有机蔬菜和粮食种植面积1800亩。另外，对有机蔬菜进行认证，不仅包括对有机产品的生产基地、加工场所的认证，而且包括对有机蔬菜销售过程中的每一个环节进行全面检查和审核以及必要的样品分析。有机蔬菜认证有自己非常严格的标准，尤其是国内认证与国际认证的接轨还有一段较大的差距，而能否达到认证的要求是农产品贸易的基础和前提。另外，有机蔬菜不等于自然传统蔬菜，有机蔬菜生产需要大量利用现代科技的各种成果，它是自然生态农业与现代科技、现代市场相结合的新型农业。有机蔬菜在生产上需要集约化经营、机械化作业，选育高抗作物品种，大面积运用天敌进行虫害防治，采用火焰枪除草、粘胶除虫、无纺布覆盖、防虫网栽培，利用开发天然草药激化土壤养分。这些约束条件的存在使得企业为了降低经营风险，必须对其合作的农户进行选择，以建立起牢固的合作伙伴关系，从而从源头上保证有机食品的质量安全。

有机蔬菜产业链包括对内供应链和出口供应链两部分，供应链主要包括"有机蔬菜的生产"、"冷冻加工"、"低温运输"、"检验检测"、"国内外市场产品上架销售"等环节；支持活动包括有机蔬菜供应链的建设、人力资源管理、新技术研发与推广，技术支持主要是以高等院校和科研机构为主，尤其是有机蔬菜在种植过程中不能施用农药和化肥，只能依靠生物天敌和物理防治的方法克服上述困难，以形成生物系统的良性循环，病虫害技术的采纳对产品的质量和产量影响比较大。

表1-1 1999-2002年ECOCERT认证有机产品总量

单位：吨

年份	有机	转换期	总产量
1999	55844	17183	73027
2000	95643	26723	122366
2001	162543	37039	199582
2002	149408	10441	159849

资料来源：ECOCERT。

三、供应链协同管理与协作式供应链

供应链管理（Supply Chain Management，简称SCM）的理论研究源于管理学，著名的管理大师奥利弗（Oliver）和韦伯（Webber）首先提出了供应链管理的新概念。食品供应链（Food Supply Chain）的概念首先是在1996年由Zuurbier等学者提出的，并认为食品供应链管理是农产品生产销售等组织，为了降低农产品物流成本、提高农产品质量安全和物流服务水平而采用的垂直一体化运作模式。如今，在美国、英国、加拿大和荷兰等农业生产较为发达的国家，这一管理模式已经被广泛运用，并逐渐成为当今学术研究的重点课题（Furness A.，2004）。[1]

供应链协同（Supply Chain Coordination）是供应链管理的新理念。协同学于20世纪70年代初被提出，1977年正式问世。代表性人物是德国的物理学家赫尔曼·哈肯（Herman Haken），哈肯认为，一切开放系统，无论是宇宙观系统还是宏观系统或是微观系统，无论是自然系统还是社会系统，都可以在一定的条件下呈现出非平衡的有序结构，都可以应用协同学理论。随着电子商务的发展和Internet电子商务的出现，人们越来越认识到合作的重要性，企业运营过程中每一个环节的合作，都直接影响到企业的效率，也影响着围绕企业生产或服务所形成的供应链的整体绩效。作为购买、分销和物流管理的同义词，协同关系是由供应链上部分成员形成的合作联盟，供应链协同管理主要是针对这些职能成员间的合作进行的管理。人们把供应链上各节点企业的密切配合，各程序的"无缝对接"称之为"协同"。有的学者甚至认为，21世纪实际上是一个供应链竞争的年代，[2] 协作式供应链管理是21世纪企业竞争的核心所在。

将管理学的协同理论运用到农产品供应链中，主要是源于国际消费市场结构出

---

[1] Furness A. Traceablity of GM the new EU regulations（[DE].www.food trace ability fioum.com/Issue 2，2004，4）

[2] 赵德发，《构建现代供应链培育核心——从华联吉买盛的实践说起》，上海商业，2004。

现新的分化，新型的国内城市市场和发达工业化国家市场的出现。发达的国内消费市场和高收入国家的消费市场都对农产品的质量安全提出了较高的要求，而其中，高收入工业化国家对蔬菜产品的价格和质量安全要求更加严格，促使采购商越来越多地要求对整个供应链进行追踪和追溯，进行独立认证。这种发展趋势使协作式或一体化的供应链成为生鲜产品的主要供货方式。

所谓协作式供应链（Coordinated Supply Chains）是指生产者、中间商、加工商及采购商就生产什么、生产多少、何时交货、质量和安全要求及价格等作出的长久安排。这些链条的领导者一般是中间商和食品公司。协作式供应链特别适合现代市场的物流要求，尤其是新鲜和加工的易腐败产品（世界银行，2006）。因此，优选供应商成为经销商提高核心竞争力的战略选择。

而发达工业化国家消费者对有机食品消费需求的持续增长，更需要协作式供应链上的生产者、中间商、加工商及采购商就生产什么、生产多少、何时交货、质量和安全要求及价格等作出长久安排，并需要经常进行信息的交换，有时还要从技术和资金方面给予帮助。

本书的研究对象是处于有机蔬菜协作式供应链源头的分散小农户（以下如没有特殊说明，农户指分散的小农户）。在新型供应链出现背景下，农户有机生产技术采纳行为的影响因素主要有哪些，供应链中农户与企业之间的关系是如何建立的？有机蔬菜协作式供应链对农户收入增长有何影响？新型供应链的出现对于中国食品安全的管理又会带来怎样的契机？这是本书从有机蔬菜协作式供应链发展中得到的启示。

第四节 产业发展、农户行为选择与经济绩效的理论基础

一、产业发展与农民经济理论发展

产业是具有相同再生产特征的个别经济活动单位的集合体，在社会再生产过程中从事不同的社会分工活动，各有其不同的地位、作用和特点。社会分工是产业形成和发展的基础，不同产业之间的比例关系和构成形成了产业结构。就产业结构演进的一般规律而言，随着经济的发展，产业结构不断地由低级向高级发展。在研究劳动力在三大产业之间转移的规律方面，英国经济学家克拉克提出了著名的"配第—克拉克定理"，指出随着经济的发展，劳动力在三类产业间的分布状况是：第一

产业将不断减少，而第二、第三产业的劳动力将不断增加。克拉克定理的研究前提是：第一，随着时间的推移，人均国民收入水平不断提高；第二，以劳动力在每次产业中的分布作为衡量产业结构变动的指标；第三，以三类产业分类为基础。美国经济学家库兹涅茨在克拉克的基础上，收集了20多个国家的数据，从国民收入和劳动力在产业间的分布两方面对产业结构的演进进行了探讨。正是由于产业具有这样的特征，最终会导致第一产业从业人员的减少，农业剩余劳动力会逐渐向非农业转移，并逐渐形成梯度转移的特点，即由农村向县镇流动，由县镇向二三级城市流动，由二三级城市向特大城市流动的特点。但是，正因为产业的特点导致劳动力产生这样流动的特点，而有机农业又需要大量的劳动力，虽然有机食品市场快速发展，有比较好的发展潜力，但劳动力供给不足是否会制约有机农业的发展？是否会制约小农户参与高附加值的全球价值链的分享？这是值得我们进一步研究的问题。

另外，通过对农民经济理论进行回顾，我们对农户生产行为的选择影响因素进行追寻。古典经济学理论无不起源于厂商理论，厂商作为微观行为个体，其本能在于对利润最大化的追求。在农民经济理论中，比较有代表性的是恰亚诺夫、舒尔茨和贝克尔、黄宗智等著名学者的理论。恰亚诺夫（1924）的杰出贡献在于阐明了农民家庭农场具有不同于资本主义企业的行为逻辑，并构建起了独立于资本利润最大化模式的劳动消费均衡体系（方松海，2007）。西奥多.W.舒尔茨由于其《改造传统农业》一书对发展经济学作出的突出贡献，获得了1979年诺贝尔经济学奖。在舒尔茨之前，经济学家们提出了以工业为中心的发展战略，认为工业化是发展经济的中心，只有通过工业化才能实现经济"起飞"。他们普遍认为，农业是停滞的，农民是愚昧的；农业不能对经济发展作出贡献，充其量只能为工业发展提供劳动力、市场和资金。在这种理论的指导下，许多发展中国家致力于发展工业，而忽视了农业的发展。有些国家甚至以损害农业来发展工业。[①] 而舒尔茨改变了以往对传统农业的看法，认为，"并不存在使任何一个国家的农业部门不能对经济增长做出重大贡献的基本原因"，欧洲、日本、墨西哥等国正是通过农业而实现了较快的经济发展。舒尔茨认为，要改造传统农业，关键是要引进新的生产要素，加大对劳动力资本的投入，比如教育、在职培训以及提高健康水平，其中教育更加重要。由于舒尔茨对农业经济理论的突出贡献，政府和学者开始认识到农业对于经济发展的重要作用，重视加强对农业的投入，尤其是对农村教育的投入，通过对农村人口素质的提升改造传统农业，为经济发展提供厚实的基础。而以加里.S.贝克尔为代表的优秀经济学家们则打破传统，改变了以往经济学家将生产和消费完全分开的做法，开始用"小型生产单位"的观点来看待家庭。从此，农户经济的分析进入新的时代，即AHM（农户家庭模型）时代，其中，焦点的争论在于农户的决策是否存在生产与消费决策的分离（方松海，2007）。另外，黄宗智等学者从历史学、社会学

---

① 舒尔茨，《改造传统农业》，北京：商务印书馆，2003年

的视角对农户生产决策行为进行了大量的研究与分析。

就古典经济学而言，追求利润的最大化是经济人的本性，这也是农户生产行为的逻辑起点，而无论其是厂商还是农户的个人行为。方松海（2007）对两者之间的共性进行了归纳，认为，主要有两个特点：一是不管是企业家的利润最大化还是农户的生产决策问题都可以从效用函数推出来。对于所有要素都可以从市场上购得的企业家（尤其是资本家）而言，对可支配消费品，总是多多益善（尽管边际效用递减，但不会小于等于零），但是对使用自家劳动力劳动的家庭农场，因为负效用的存在，使得效用的"局部非饱和性"成为泡影。二是收入来源于预算约束。所有市场主体在参与市场活动时看重的都是纯收入。资本家之所以追求利润，是因为他成为以资本为唯一支配要素的资本家，他的纯收入就等于利润；与资本家不同，农民除了资本的投入以外，很重要的另一种投入，是自己的劳动力，有的还有土地资源禀赋的投入。农民的纯收入是所有要素获得的总投入与投入资金之间的差额，所以作为一个"理性"的小农户，其对应的决策是要素纯收入最大化，而不是利润最大化。

二、农民收入增长（贫困）、环境保护与有机农业发展理论

关于农民收入增长的问题是中国特有的问题，国际上的研究主要是关于贫困的研究。学者的一致意见是，贫困与人口增长之间有正相关的关系。贫困地区有机蔬菜产业的出现与环境保护之间有着密切的关系。环境问题总是与经济增长问题共生共荣，几乎从人类社会存在以来，环境问题就广泛存在了，而发展中国家面临尤其严重的环境问题。不少发展中国家走的都是以牺牲自己的自然资源为代价换取经济增长的，导致"荷兰病"的出现。所谓"荷兰病"指的是一国丰富的自然资源反而成为其经济发展停滞陷阱的一种现象。20世纪70年代，石油景气期间，荷兰在北海发现了丰富的天然气，为荷兰的贸易平衡带来了较大的贡献，但是同时也导致国内工业产量的下降。这种现象在发展中国家具有一定的典型意义，发展中国家，有的拥有丰富的自然资源，能够给本国贸易带来一定的贡献，但是因为资源出口突然增加引起农业和制造业附加值的减少，不足以从资源部门增长的收入中得到补偿，导致本国经济的停滞。

环境问题是发展中国家不得不面对的另一个问题，由于工业化初期人口快速增长，超出了资源的承载能力，人类为了生存，自然向生态脆弱的山区转移，在一定程度上导致水土的流失和植被的破坏；另一方面，工业化初期，不少发展中国家走的都是先污染后治理的传统发展模式，对资源粗放性地过度开采与使用，空气污染、水源污染，生态系统被破坏，生物链断裂，带来一系列的发展中的问题。

而环境的污染又与贫困息息相关。根据贫困程度的不同，贫困人口可以分为绝对贫困和相对贫困（方卫东等，2001）。绝对贫困，是指一个人（或一些人）的物

质生活水平低于其所在社会公认的最低生活水平标准的状态（速水佑次郎、神门善久，2005）。相对贫困，关心社会最底层10%人口的收入占总人口收入的比例，以及与富裕的人相比，贫困人口的生活标准状况。2011年7月，我国《2011-2020年农村扶贫开发纲要》明确要求，"十二五"时期扶贫开发工作将把基本消除绝对贫困现象作为首要任务。贫困问题，是一个多元的社会问题，涉及较多的方面。其中，最基本的是生存问题，要解决温饱问题是反贫困问题的关键，国际上一般用基尼系数来进行衡量，即食品支出占消费支出的比例。与本研究相关的是，发展中国家环境恶化的主要因素是人口压力造成的农村人口的贫困（速水佑次郎、神门善久，2005）。人们为了生存而过度采伐，破坏生态环境，并造成贫困的恶性循环与代际传递。与此同时，工业化过程中工业垃圾的排放造成农村水源、空气和土壤的污染，重金属超标，农民宜居环境的破坏，被污染地区癌症发病的比例上升。在这种背景下，有机农业发展成为以美国、欧洲、日本为代表国家倡导的主旋律，有机农业要求遵守有机的生产方式，减少对环境的污染，追求天人合一，人与自然的和谐相处。但是，发展初期有机食品的生产又是低效率的，与常规农作物的生产相比，首先，土地要休耕三年"脱毒"，即从事有机种植的土壤三年之内不能施用农药化肥等；其次，有机农作物的生产，要求采用物理的方法治理虫害，不能施用农药化肥而代之以有机肥，这在一定程度上会增加劳动力的投入，而现在的农村又处于凋敝的状态，留守人员主要是"386199"部队，即妇女、儿童和老人；再次，在产量上，低于常规农作物，这就与20世纪60年代为解决人类生存和贫困问题取得重要成效的、广为人知的"绿色革命"相悖。"绿色革命"通过发展土地、节约劳动和利用技术增加就业和单位土地面积上的产出，缓解引起贫困的人口压力。这就需要我们在后面的实证环节进行研究，有机农业的发展是否存在这样的悖论。

三、博弈论与信息不对称理论

经济学所称的经济人无不追求利益的最大化，在这种偏好的引导下，单打独斗难以实现经济效益的最大化，都需要与他人合作，而在合作的过程中，冲突又在所难免，如何化解冲突取得利益最大化就使得合作可能是单次的，也可能是多次的。20世纪70年代开始，博弈论（Game Theory）逐渐成为主流经济学家关注的热点和研究的重点。一般认为，博弈理论开始于1944年由冯·诺依曼和摩根斯坦恩合作的《博弈论和经济行为》。1994年，纳什（Nash）、泽尔腾（Selten）和海萨尼（Harsanyi）因为他们在博弈论方面做出的突出贡献，获得了诺贝尔经济学奖。博弈论又称为"决策论"，研究决策主体的行为直接相互作用时的决策以及这种决策的均衡问题，也就是说，当一个主体，好比说一个人或一个企业的选择受到其他人、其他企业选择的影响，而且反过来影响到其他人、其他企业的选择时的决策问题和均衡问题。①

　　博弈论可以分为合作博弈（Cooperative Game）与非合作博弈（Non‑Cooperative Game），一般经济学家研究的主要是非合作博弈。根据参与人对有关其他参与人（对手）的特征、战略空间以及支付函数的知识的掌握程度，博弈可以分为完全信息博弈和不完全信息博弈。完全信息指的是每一个参与人对所有其他参与人（对手）的特征、战略空间以及支付函数有准确的知识；否则，就是不完全信息。与本研究相关的博弈，主要是重复博弈，笔者意图通过对经典理论的梳理，得出企业为什么要和农户、尤其是小农户合作，从而对其他地区小农户通过订单、供应链参与到全球高附加值产品的生产中来提高收入促进发展提供一定的思考和借鉴。

　　"重复博弈"，是指同样结构的博弈重复多次，根据参与人对对手信息的掌握程度，可以分为完全信息情况下的博弈和不完全信息情况下的博弈。在完全信息情况下，影响重复博弈均衡结果的主要因素是博弈重复的次数和信息的完备性。重复次数的重要性来自于参与人在短期利益和长远利益之间的均衡。当博弈只进行一次时，博弈人比较重视的是自己的短期利益，许多急功近利的行为在缺少监督的情况下就有可能发生。当博弈重复多次时，参与人就会在短期利益与长远利益之间做出对自己有利的选择，并且可能放弃一些短视行为。除博弈次数外，信息是否对称也是影响均衡结果的一个重要因素。重复博弈亦可以分为有限次数的博弈和无限次数的博弈。如果博弈重复无穷次并且每个人都有足够的耐心，任何短期的机会主义行为的所得都是微不足道的，参与人有积极性为自己建立一个乐于合作的声誉，同时也有积极性惩罚对方的机会主义行为。也就是说，在完全信息的情况下，不论博弈重复多少次，只要重复的次数是有限的，对参与人合作行为影响不大。而用以解释不完全信息情况下交易双方行为的经典模型主要为 KMRW 声誉模型（Reputation Model），科瑞普斯、米尔格罗姆、罗伯茨和威尔逊（Kreps, Milgrom, Roberts and Wilson, 1982）通过将不完全信息引入重复博弈，证明了合作行为在有限次数博弈中有可能出现，前提条件是，只要博弈重复的次数足够多。KMRW 定理告诉我们的是，尽管每一个囚徒在选择合作时都冒着被其他囚徒出卖的风险（从而可能得到一个较低的现阶段支付），但如果他不选择合作，就暴露了自己是非合作型的，从而失去了获得长期合作收益的可能——如果对方是合作型的。如果博弈次数重复的足够多，未来收益的损失就超过短期被出卖的损失。因此，在博弈开始时，每一参与人都想树立一个合作形象（使对方认为自己是喜欢合作的），即使他在本性上并不是合作型的；只有在博弈快结束时，参与人才会一次性地把自己过去建立的声誉利用尽，合作才会停止（因为此时，短期收益很大而未来损失很小）。②

---

① 张维迎，《博弈论与信息经济学》，上海：上海三联书店、上海人民出版社，2007年，第123页。
② 张维迎，《博弈论与信息经济学》，上海：上海三联书店、上海人民出版社，2007年，第185页。

第五节 研究目标与意义

一、研究意义

(一) 实践意义

第一,以有机果蔬产业为例,对有机农业在中国的发展进行深入研究,系统分析其产业演进所具备的多方面条件,有助于为中国有机农业在国家经济发展全局中的准确定位提供有价值的参考意见。有机农业在经济全球化的 21 世纪,已经成为未来可持续农业的主要发展方向,全球已经有 120 个国家采纳有机的生产方式。2007 年 5 月,在联合国粮农组织总部罗马召开的有机农业与粮食安全国际会议强调,各国政府均应将有机农业作为本国农业发展的优先目标。"十七大"报告亦指出,要建设生态文明,基本形成节约能源、资源和保护生态环境的产业结构、增长方式、消费模式。而积极发展有机农业对于我国农业增效、农民增收意义重大,有利于我国农业增长方式与消费方式的转变。以有机蔬菜产业的发展对有机农业产业演进所具备的条件进行分析,有助于政府在宏观上制定经济发展的战略政策和发展规划。

第二,对有机果蔬新型供应链出现背景下的农户生产行为及其经济绩效进行研究,有助于为中国小农户参与高端消费市场、分享全球价值链,从而提高家庭收入、改善家居生存环境提供有价值的政策建议,从而促进有机果蔬产业集聚地区经济的可持续发展和现代农业的建立。

有机蔬菜的种植属于劳动密集型产业,有机蔬菜的价格比一般普通蔬菜的价格要高出 50% - 150%,从事有机蔬菜的种植不仅有助于提高农户的收入,而且有助于解决当地的劳动就业。尤其果蔬生产在全国更广范围的普及给就业机会较少和工资水平较低的生产地区带去更多的就业岗位(世界银行,2006 年)。相关研究表明,2002 年,湖北、安徽、河南、吉林、辽宁和黑龙江等省农业、林业、畜牧业和渔业等部门工作单位的工资水平约为 5000 - 6000 元,而山东和广东两省类似企业的工资水平要高出 30% - 100% 左右,北京、上海、天津和浙江等地区的类似工资水平要高出 200% - 300%(2003 年《中国劳动统计年鉴》)。2004 年,中国共生产了 4.23 亿吨蔬菜,占世界总量的 48.9%。尽管其中有机蔬菜占的比例并不大,但是有机蔬菜种植面积的不断扩大,为中国农户收入的增长提供了新的可能方式。[①]

尤其是随着消费者需求的不断提高,新型果蔬供应链已经成为21世纪贸易、加工企业的核心竞争力,这种果蔬供应链的发展对小农户收入增长影响巨大。对有机蔬菜这种新型产业进行系统研究,对于改善我国食品安全质量现状、解决我国剩余劳动力问题、提高小农户家庭收入意义重大。

第三,对有机蔬菜协作式供应链中农户与龙头企业之间的契约稳定性进行经济解释,这对于研究解决当前农户与企业之间违约比例高问题,从而促进农业可持续发展具有重要的现实指导意义。

供应链中纵向协作的稳定性,不仅对于缓解农户与大市场的矛盾、降低农户市场风险具有重要的作用,而且对于提高我国农业市场化程度、节约交易双方成本、提高我国企业的国际市场竞争力意义重大。但是,在普通农产品供应链中,农户与企业出于自身利益最大化的考虑,都存在违约的现象,且违约比例偏高。对于有机蔬菜协作式供应链中的契约稳定性进行分析,有助于为其他农产品供应链的发展提供参考和借鉴,协调和稳定产业化过程中的农户与企业之间的关系,从而实现农户、企业、村集体以及地方政府的多赢。

(二)理论意义

第一,关于有机农业发展的理论,国内学术界目前主要还是集中在研究探讨有机农业的国际国内发展趋势以及中国有机农业的发展前景方面。其他的研究也主要偏重于从有机生产技术的角度进行规范性分析,而从经济管理的角度运用跨学科的理论和方法对有机农业开展研究在国内还不多。然而,有机农业近年来发展迅速,迫切需要理论上的不断发展和有力支持。本研究为有机农业的中国本土化发展提供了一个一般性的分析基础,为有机农业在中国的发展提供了一定的理论借鉴。

第二,以协作式供应链为背景,对有机农业产业的中国本土化发展问题进行研究,在国内几乎还是一个空白,国际上对此问题的研究也比较有限,缺少成熟的理论依据和分析范式。本研究在一定程度上填补了该领域的研究空白,对于进一步从产业链的角度研究有机农业在中国的发展具有一定的理论参考价值。

第三,从有机农业发展趋势的视角探讨中国的食品安全问题,避免了空洞的说理,赋予解决中国食品安全、提高农户收入以及改变中国农村环境问题以新的抓手。本研究在一定程度上较好地实现了理论与实践的结合。

---

① 科学技术部中国农村技术开发中心,《有机农业在中国》,北京:中国农业科学技术出版社,2006年,第26页。

二、研究目标

本书的主要研究目标是通过个案研究的方法对有机农业在中国的发展及其快速发展中小农户的生产方式选择行为、小农户与企业之间的合作行为、发展有机农业对小农户经济绩效的影响进行解释。具体研究目标如下：

第一，相关研究表明，1980－1990年这十年，全球有机产品供应增长缓慢，主要是因为只有少数的农户转换为有机生产（KS Pietola；AO Lansink，2001），那么中国有机农业的快速发展与农户的有机生产选择行为有何相互影响？小农户处于有机蔬菜协作式供应链的底端，也是有机土壤作物生产的主体，没有他们的参与，中国有机农业的发展将无从谈起。他们的行为既关系到有机蔬菜产业的发展，同时又受到多种因素的制约。有机蔬菜生产是一种新的生产技术，农户在选择新的生产技术的同时，必然面临相应的风险。本研究通过对肥城地区的实地调查，对小农户采纳有机生产方式的影响因素进行全面、系统、深入的分析，以对有机农产品的有效供给提供有价值的分析思路。

第二，本研究运用经济学基础理论对典型地区有机蔬菜供应链中农户与企业的契约稳定性进行经济解释，试图回答：在协作式供应链中，农户和大型龙头企业之间的协作关系是如何建立的？为什么这种协作关系比普通农产品供应链要稳定？农户主要是通过何种方式与大型龙头企业合作，从而进入有机蔬菜协作式供应链中，分享全球价值链增值所带来的收益？尤其是协作式供应链由于各节点单位之间存在共同的利益关系，需要生产商、供应商与销售商之间加强合作，共同实现供应链的整体利益最大化。为了在保证有机蔬菜产品质量的同时，减少交易成本，提高效益，企业在协作对象的选择方面会有何倾向？这种协作对象的选择对小农户和供应链的稳定会产生怎样的影响？

第三，国外专家的研究表明，采纳有机生产方式是发展中国家小农户缓解贫困，提高收入的有效方式。但是，也有的研究（世界银行，2006）认为，果蔬协作式供应很有可能会将小农户排挤在外，由此增加小农户的脆弱性。本研究试图回答：采纳与不采纳有机生产方式，农户的成本收益有何差别？采纳有机生产方式的农户家庭收入是否能够得到改善和提高？通过订单的方式参与有机蔬菜协作式供应链，对农户家庭收入有何影响？

第四，尽管有机农业在国际上发展迅速，但是也有的学者认为，有机农业和有机食品作为一种舶来品，是工业化发达国家的特有产品，发展有机农业并不一定适合中国的国情。主要原因是，中国当前还没有完全地解决粮食需求和人民温饱问题，大部分居民的消费需求还只是停留在追求数量而不是质量的层次。发展有机农业可能会造成土地资源利用不足，从而导致农产品供应的严重不足和粮食安全危机；另外，有机农业的生产技术严格，农户生产受到较多的约束，从事有机生产可能会给农户带来较大的生产风险。因此，中国社会经济发展的现状决定当前中国主要还是以满足人民的温饱需求为主，有机农业在中国暂时不宜全面推广（皱建丰，2007）。① 但是，在2007年5月罗马举行的有机农业与粮食安全国际会议上，有的学者认为，大规模转向有机农业将不仅增加世界粮食供应量，还可能是根除饥饿的唯一途径，在饥荒最严重的贫困、干旱和偏远地区尤其如此。本研究试图通过有机蔬菜产业的演进，对这个有争论性的问题进行一定的回应：有机农业是否适合中国的发展，以为政府从宏观层面提出整体性的农业发展框架提供理论上的支持和依据。

第五，伴随着中国有机农业在近年来的迅猛发展，中国的食品安全问题是否能够得到一定程度的改善？中国食品安全监管中存在的难题是什么？中国有机蔬菜发展中还面临着什么样的问题？如何对政府、企业、消费者和农户之间多赢局面的构建进行设计？本研究试图从这些角度对中国有机农业发展与食品安全之间的关系进行辩论。

第六节 研究方法、数据说明与研究框架

本书在研究方法上主要采取了定量分析与定性分析相结合、抽样分析与典型案例研究相结合、多重比较分析与对策研究相结合的方法。其中，实证分析数据主要来自于中国人民大学农业与农村发展学院2007年8月-2008年2月在山东肥城的实地调查。

一、研究方法

本研究采纳了规范性研究与实证研究相结合的方法，对有机蔬菜协作式新型供应链出现背景下，农户有机生产技术选择行为、与龙头企业纵向协作行为及其经济绩效进行了分析。规范性分析主要是在国内外文献研究和网络资料搜寻的基础上进行经验性的判断和总结，实证分析建立在实地调查的基础上，结合了对当地政府部门、企业和农户的深入访谈以及对龙头企业、农户的问卷调查，并对个别特殊的情况采取了个案分析的方法。总的来说，本研究运用到的研究方法主要有如下几种：

（一）定量分析与定性比较相结合

本书所采取的农户技术采纳行为以及农户与企业之间的纵向协作行为研究在国

---

① 《有机农业暂时不宜全面推广》，新华日报，2007年1月5日。

内外研究领域中非常盛行,但是,专门运用在与全球市场相联系的有机蔬菜协作式供应链领域的研究还不多。因此,有必要对现有的研究进行一定的梳理,在此基础上提炼出中国有机蔬菜产业扩散过程中农户新技术采纳和农户与企业之间纵向合作行为的特点与约束条件。

为此,本书运用成熟的二元 logit 模型对农户有机蔬菜生产技术采纳行为进行分析,即:

$$Adoption = \beta_0 + \sum_{i=1}^{n} \beta_i X_i + \varepsilon_i$$

而对参与协作式供应链对有机蔬菜种植户家庭纯收入的影响运用多元线性模型进行分析:

$$E(Y) = \beta_0 + \beta_1 X_1 + \beta_2 X_2 + \cdots + \beta_k X_k + U$$

另外,本书对农户与企业合作动机部分采用了因子分析[①]的方法,以探求有机蔬菜种植户之所以选择与企业合作,除了经济收益以外是否还有其他动机。

但是,如果仅仅使用定量分析,并不一定能够将事情说清楚,而定性分析的调查与访谈可以帮助了解农户在采纳过程中的具体障碍和问题、农户与企业协作的类型以及存在的问题等等,进一步加深规律性认识。定性分析的使用还可以对定量分析的内容进行验证,以对传统数据分析方法可能忽略的内容进行适当的补充。

(二) 抽样调查与典型个案研究结合

理论原则与方法的提出与检验,均产生于管理的实践。为反映普遍性的结论,研究中要尽可能地利用抽样问卷进行调查,而为反映特殊性的结论,还需要对典型的个案进行全方位的分析与解剖。为了进一步验证和补充计量分析的结果,本书拟采用案例研究方法对典型地区有机蔬菜协作式供应链中农户与企业之间的合作行为所具有的代表性特质进行深入具体的个案分析,以从微观厂商和农户层次上有一个更直观的了解。此外,本研究还调查访谈相关政府部门和农民经济合作组织,了解有机蔬菜协作式供应链发展对农户行为及其经济绩效影响的实际情况及问题。

(三) 多重比较分析与对策研究相结合

比较研究方法是经济学常常使用的方法,通过对比分析更容易发现规律性的认识。在本研究中,对不同经济收入情况农户有机生产技术采纳行为进行对比分析,对采纳与不采纳农户的有机蔬菜生产的投入产出情况进行对比分析,对合作与不合作农户的行为和动机进行对比分析,有助于发现全球食品供应链快速发展背景下,中国农户采纳行为、龙头企业与农户之间纵向协作的特点及其一般规律。而将对比

---

① 因子分析的目的在于寻求变量基本结构,简化观测系统,减少变量维数,用少数的变量来解释所研究的复杂问题。因子分析的好处在于既可以达到降低变量维数的目的,又可以对变量进行分类。

分析与对策研究相结合，有助于更好地将研究成果运用于理论实践，为我国有机农业的发展提供有价值的参考信息。

除此之外，在具体研究中，还要针对不同层面与问题采取不同的方法，综合运用静态分析与动态分析相结合的方法，从宏观、中观和微观不同角度，全面分析各因素之间的相互联系与数量关系。

二、研究范围与数据来源

由于我国有机农业发展比较晚，有机农业的生产数量相对于整个种植业的生产数量比例较低。因此，我国对有机农业的相关数据统计还不规范，这给本研究带来了一定的困难。

为了解决上述问题，本书重点选择对典型地区有机农业的发展进行剖析，力图通过个案的分析为中国有机农业的发展提供系统的分析框架。

本书的研究范围选择在山东省肥城市，主要原因如下：

第一，肥城市位于山东中部，总耕地面积95.8万亩，是资源丰富的鲁中宝地，历史上就有"自古闻名膏腴地，齐鲁必争汶阳田"之说。该市地处温带半湿润季风性气候区，四季分明，光照充足，土壤、水源、空气质量良好，经山东省环保局检测，达到国家《有机食品环境质量标准》，发展有机农业具有得天独厚的条件。国家环境保护总局有机食品发展中心主任、联合国工业发展组织中国投资与技术促进处绿色产业专家委员会委员、国际有机农业运动联盟标准委员会委员、国际有机作物改良协会中国分会主席肖兴基亦认为，中国的有机农业在泰安肥城，肥城有机蔬菜在全国发展最早、面积最大、质量最好、效益最高。因此，本书以肥城市有机农业为研究对象，具有比较典型的代表性和研究意义。

第二，肥城市的有机农业于1994年开始土地转换，1996年获得国家有机食品认证，是山东地区发展有机农业最早的地区，近年来，肥城有机蔬菜种植加工的发展对其他地区产生了比较大的辐射和带动作用。经过近13年（包含土地转换期3年在内）的发展，农民对是否采纳有机生产方式有比较明显的意图，农户收入增长比较稳定，以肥城市为样本进行研究，有比较典型的代表意义。

本书的数据来源主要包括两部分，一是通过实证调查的一手数据以及典型地区政府部门、龙头企业、农户的深入访谈；二是当地统计部门、农业局的统计数据。农户的人口学统计资料、农户收入水平以及农户与企业的合作动机等方面主要是来自于笔者实地调查的数据。调查地区主要是山东省泰安地区的肥城市，调查分为预调查和后续调查，在设计问卷的基础上，于2007年8月进行为期10天的预调查，对问卷设计的合理性进行验证。回来后，在实地调查的基础上，对问卷进行修改，使之切合实际。2007年12月进行正式调查，正式调查前结合预调查的情况对调查人员进行了全面的培训以确保调查数据的准确。调查采取调查员直接入户调查的方式。两次调查共获取问卷 350 份，其中有效问卷为 322 份，问卷的有效率为 92%。

三、研究框架

具体研究路线如图 1-3 所示：

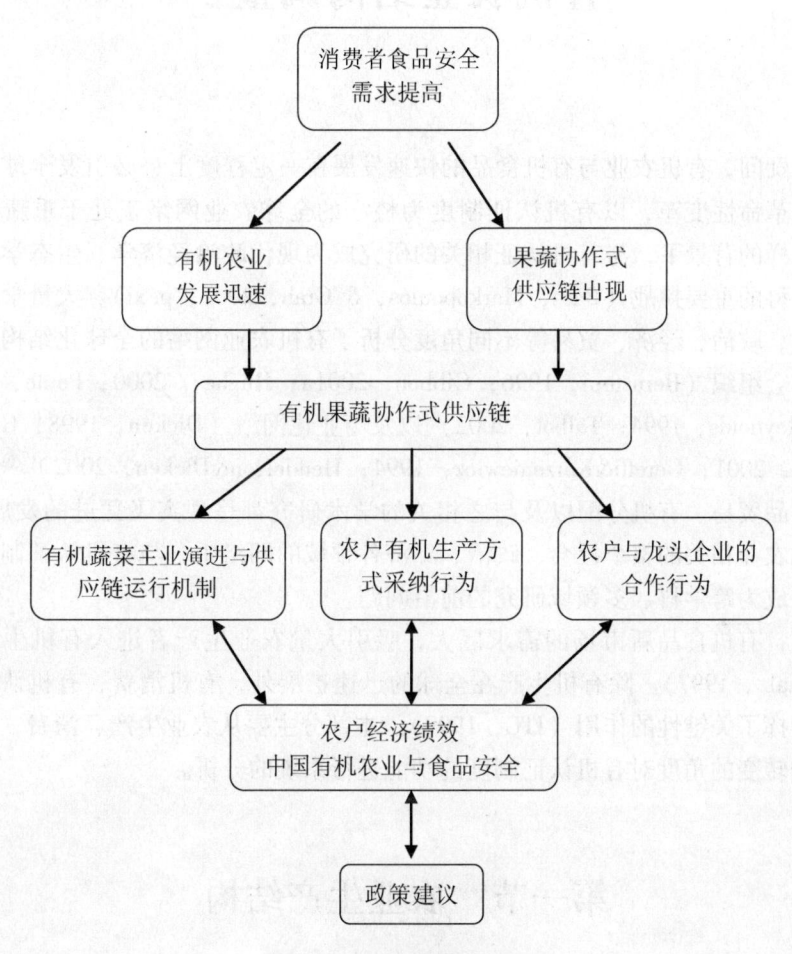

```
        消费者食品安全
          需求提高
         ↙        ↘
  有机农业          果蔬协作式
  发展迅速          供应链出现
         ↘        ↙
      有机果蔬协作式供应链
       ↙      ↓      ↘
 有机蔬菜主业演进与   农户有机生产方   农户与龙头企业的
 供应链运行机制      式采纳行为      合作行为
       ↘      ↓      ↙
        农户经济绩效
      中国有机农业与食品安全
             ↕
          政策建议
```

图 1-3 研究技术路线图

第二章 趋势：有机认证制度与全球有机农业结构调整[①]

毫无疑问，有机农业与有机食品的快速发展在一定程度上势必引发全球农业产业结构的革命性变革，以有机认证制度为核心的全球农业网络正处于重新构建之中。在这样的背景下，与有机认证相关的研究成为现代政治经济学、生态学和社会学等多学科的重要挑战（Bass, Markopoulos, & Grah, 2001, p. xi）。大量学者从社会、伦理、政治、经济、贸易等不同角度分析了有机农业网络的全球化结构、空间构造、社会组织（Bernstein, 1996；Gibbon, 2001a；Hughes, 2000；Ponte, 2002a, 2002b；Raynolds, 1994；Talbot, 2002）以及商业化网络（Dicken, 1998；Gereffi & Kaplinsky, 2001；Gereffi&Korzeniewicz, 1994；Henderson&Dicken, 2002）。[②] 市场、有机农产品贸易、有机分配以及与之相关的学术研究都呈现突飞猛进的发展势头。在与有机农业相关的整个社会、政治、经济各领域的网络中，与有机认证制度相关的研究正成为跨学科、多领域研究的前沿问题。

目前，有机食品新市场的需求巨大，吸引大量农业生产者进入有机生产领域（Buck et al., 1997）。除有机生产在全球的迅速扩展外，有机消费、有机认证制度在其中发挥了关键性的作用（ITC, 1999）。本部分主要从农业生产、消费、贸易与市场结构转变的角度对有机认证制度的功能进行系统的分析。

第一节 农业生产结构

有机认证制度的核心是确保有机生产者遵循有机生产的规定，美国、欧盟、日本等国家的有机法规均要求生产者严格按照生产的标准从事生产，并定期不定期地

[①] 部分参考郑风田、刘璐琳，《有机认证制度与全球农业结构调整综述》，江西财经大学学报，2007（6）。

[②] 参见 Raynolds, L. T. 2004. The Globalization of Organic Agro – Food Networks, World Development Vol. 32, No. 5, pp. 726.

对生产进行监督。只有符合认证标准，并通过认证机构检验许可后，生产出来的产品才能贴上有机标签或者有机转换标签。同时对于认证机构的认证，生产者或者经营商必须支付一定数目的认证费用，具体金额包括认证申请费、检查人员的差旅费、食宿费、实地检查费、样品检测费、报告编写费、通讯费、报告审核费以及批准颁证后的颁证费、未通知抽检准备金、标志使用费等诸多费用。由此推算，从申请认证到通过有机认证，商品贴上有机（或者有机转换）标签销售，认证项目繁多，费用高昂，在增加生产者责任同时，也提高了生产成本。

关于有机认证制度对生产者行为的约束研究，Tad Mutersbaugh（2002）认为，认证主要是在生产者之间进行，加大认证力度能够对生产者形成重要的新责任：①开展有机认证能够在市场与价格之间建立动态的相互依赖的新生产关系；②通过为村庄提供包括农户监督和社区技术在内的认证服务，能够对村庄和农户的农产品质量产生重要的影响；③实行有机认证制度能够对全国范围的大型龙头企业和经销商产生影响，促使这些团体帮助中小型生产者进行认证。但是 Julie Guthman（2004）从土地租金的角度对有机认证的功能进行分析，她认为认证费用在提高土地价值的同时，增加了有机生产的成本，出于利益最大化的考虑，生产者可能并不一定会严格执行认证标准的要求，在生产方面减少投入，这使认证在实际操作中产生与政策制定者初衷不一致的矛盾。

Luanne Lohr（1998）认为，有机认证制度的主要职能在于拓展生产者与消费者之间市场联系的渠道，扩大了市场信息，生产者能够从高于非有机食品的价格中获得应得的受益。但是前提条件是认证必须是值得信赖的过程，认证的价格溢出（price premium）只有在标签信用存在的前提下才能发生作用。

通过对不同学者观点的对比分析，本书认为，有机认证制度对不同类型生产者的影响差别较大。对于规模较大的生产者，生产者重点从有机市场中寻求"商机"，普遍认为贴有有机认证标签的产品在激烈的市场中更有竞争能力，有助于市场的开拓，经销商也能够从高价的产品销售中获取更多的利润，每年认证的费用相比较生产者和经销商利益而言，并不算多。而对于亚洲等地区的小农而言，他们的产品主要是销往周边的邻居，生产者和销售者之间采取的是面对面的直销方式，这些邻居也许在平时散步时就能够对有机生产进行监督，对以有机方式生产出来的产品比较放心。因此，对于有市场的小农来说，是否贴有有机标签对于他们来说并不重要，比如日本的有机农业生产，主要是通过 Teikei 系统搭建生产者和消费者之间联系的桥梁。

然而，对于生产规模一般，同时市场与生产基地相距较远的生产者，尤其是需要出口的生产者，有机认证制度成为生产者发展的主要瓶颈。

第二节　农产品消费结构

目前，食品安全问题已经成为广大消费者普遍高度关注的热点问题，消费者对安全食品的需求快速增长。不少专家认为，尽管有机食品在整个食品市场所占的比例目前尚不到2%，有机食品行业却是近年来增长最快的行业，估计销售额年增长率几乎达到5%－20%。

国际上大量的学者通过实证和规范研究的方法，从认证角度对有机食品快速增长的驱动力、认证对社会福利的改进、认证对消费者实际购买行为以及有机食品生产与消费供求的影响等多层次进行研究。

学者们一致认同的是，随着现代自由市场的扩大和产业链的延伸，生产者和消费者之间信息不对称问题突现，有机认证制度能够为消费者提供有价值的信息。Luanne Lohr（1998）认为有机认证能够增强消费者对有机食品与非有机食品区别的鉴别能力。如果有机产品在出售之前普遍进行了认证并贴有有机标签，购买者就可以在购买前轻易分辨出质量的高低，价高质优的产品也能够获得其应有的价值。

与此同时，有机食品价格比一般食品价格要高2－3倍，这成为影响消费者购买有机食品的主要因素（如 Thompson，1998；Marvin et al.，2004），也成为有机产业能否可持续性发展的关键所在。其中，有机认证制度是有机食品价格高的重要原因。不少学者采用 WTP（willing to pay）方法，对消费者对于认证费用支付意愿进行研究。研究表明，消费者对有机食品的支付意愿一般比较高，尤其是受过高等教育的女性、12岁以下儿童数量比较多的家庭、年轻人。Diakalia（2002）认为市场对有机认证制度产生诱致性需求，他运用实验经济学的方法，模拟了贫穷的非洲西部城市年轻母亲对婴儿食品的支付意愿，系统分析了社会经济因素对消费者支付意愿的影响。他的研究表明，由于婴儿食品属于信用品，即使消费以后也不能对其安全性进行判断，因此，母亲更愿意为认证的婴儿食品支付较高的溢出费用。

另外，有机认证制度在一定程度上也有助于消除供应商与零售商之间的产品质量信息不对称，通过产品信息的提供，改善市场合作，从而推动市场信任体系的建设，增强消费者购买有机食品的信心。

然而，国际上大量的研究文献也表明，由于有机产品的认证普及度低，公众对认证产品尚未建立足够的信心。因此，有机产品如何更好地建立社会公信力成为当前值得关注和研究的热点问题。

第三节 农产品贸易结构调整

目前，有机农业相关的贸易主要是从发展中国家出口到发达国家，因此又称为南北贸易。从整个发展趋势来看，南北之间的有机贸易呈现逐年递增的发展趋势。

目前，有关有机认证与农产品贸易的研究成为当前研究的热点之一，由于发达国家对发展中国家有机产品认证标准严格，并采取了不同于欧洲的有机生产标准，由此引发广大学者（Gobi，2000；Lohr，1998；Moguel and Toledo，1999；Renard，1999；Rice，2001；Rice and McLean，1999；Rice and Ward，1996；Soto - Pinto et al，2000；Waridel and Teitelbaum，1999；Whatmore and Thorne，1997）[1]对有机认证在公平国际贸易中作用的争论。一方面，有的学者认为全球经济向"自由市场经济"转变，而有机认证制度提高了发展中国家从事贸易的成本，作为一种非关税性壁垒，阻碍了有意愿进入有机食品市场的小生产者。比如，Marie - Christine Renard（2005）认为，食品安全标准已成为世界经济管理的重要工具，有机认证对于出口国，尤其是对发展中国家来说成为一种非关税性壁垒，发展中国家只能遵循欧盟有机认证制度的有关条款，不能享受与欧盟成员国同等的待遇。尤其是近年来，发达国家贸易保护主义抬头，有机认证制度作为一种非关税性壁垒阻碍了发展中国家对发达国家的有机产品出口（Marian Garcia Martinez，et ac，2004）。尤其是，由于有机农业属于劳动力密集型产业，并与传统农业具有兼容性，发展中国家的小型生产者是有机出口的主力军（Crucefix，1998；Raynolds，L. T. 2004），有机认证成为拉丁美洲小生产者进行有机贸易的主要阻碍。Barrett et al.（2002）对发展中国家与发达国家之间的有机贸易进行了研究，结果表明，尽管当地认证比国际认证要便宜，但是生产者并没有主动选择认证机构的权利，认证成本高成为发展中国家中小规模生产者经济发展的"瓶颈"。另一方面，也有不少学者认为有机认证制度作为一种诱致性制度，在很大程度上能减少交易成本和信息搜寻成本，对国际贸易的发展起到了基础性的作用，有利于一国国际贸易的增长。国内不少学者（比如杜相革、王惠敏，2001）认为在统一的认证和合格评定条件下，有机认证能够有效消除技术贸易壁垒，增强我国农产品的国际竞争力，促进对外贸易发展。

---

[1] 参见 Tad Mutersbaugh，The number is the beast: a political economy of organic - coffee certification and producer unionism. Environment and Planning A (2002)，volume 34，第1166页。

第四节 市场分配结构

随着消费者需求的不断增长，有机食品市场也不断扩大。通过大量的规范性和实证性的研究，学者预计目前全球有机市场价值约为 110 亿美元，相当于全部食品市场的 2%，从发展中国家进口的数量为 50 亿美元（Blowfield，1999）。

从有机市场分配渠道进行分析，以前，有机食品销售或者采取直接销售的方式（比如日本），或者主要通过天然食品商店、健康食品店（比如德国）等方式销售。这些方式相对来说针对性强，销售规模受到一定的约束。而土壤食品的全球化、食品零售行业的联合、私人零售标准的提高导致第三方认证（Third – Party Certification，TPC）的出现，并引发现代土壤系统社会、政治、经济关系的变革。Maki Hatanaka（2005）认为，TPC 的出现对于全球价值供应链的管理意义重大，无论是在公共认证还是在私人认证领域都发挥了主流的作用。随着 TPC 的出现，超市供应的有机食品在近年来呈现出不断上升的发展趋势（Barry Krissoff，1998）。FAO（2001）的研究表明，全球有机果蔬的 70% 通过超市销售。

不仅如此，与有机认证制度相关的供应链研究也发生本质性的变化。最早对供应链的研究主要基于生产者与消费者之间的线形研究（Whatmore and Thorne，1997）；随着认证体系的发展，不少研究者发现认证商在供应链中亦发挥了重要的作用（Tad Mutersbaugh，2002）。而当前，涵盖社会政治、经济、文化多角度、全方位的有机商业网络重构又成为供应链研究的前沿和核心热点（Raynolds, L. T.，2004）。Raynolds 将物质和非物质的关系融入商品生活所涉及的政治、经济和社会各方面关系中。她的研究发现，有机食品网络的更新建立在个人信用、认证企业可获取"国内"规则的程度以及广泛的社会利益、生态利益的基础上。Paul Thiers（2005）认为有机认证制度规范了有机市场，有助于市场采取激励机制建设可替代食品网络[①]。而这种网络建设的过程也是农业生产、消费、分配格局重新构建的过程。

---

① 参见 Raynolds, L. T. 2004，传统市场规则建立在效率、标准和价格竞争的基础上，可替代的食品网络建立在个人信用、生物多样性和社会公正的基础上。

第五节　如何发展有机农业：有机认证制度视角的分析

有机农业作为一种可持续性的环境友好型农业，当前正成为世界农业的发展趋势，不仅已经认证的有机农业生产面积不断增长，消费市场和分配市场也发展迅猛，全球性的有机农业网络正处于重新构建之中，而认证在这个网络构建中发挥了重要的核心作用。但是，有机认证在发展过程中还存在不少的问题需要解决，比如，认证标准增加了中小生产者的经营成本、当前我国认证市场体系不健全、国际之间认证标准互认急待发展等等，这些问题都有待于我们进一步的研究。笔者认为目前需要加强以下几方面促进有机农业的发展。

一、加强有机认证的政府补助

近年来，欧美、日本等发达国家都对有机认证进行了一定的政府补贴。比如，早在1993年，欧盟就制定了有机农产品统一标准，鼓励农民从事有机农业生产，并给予财政上的补助。2001年欧盟为有机认证提供了25亿美元的补贴，并于2004年形成欧盟有机农业行动计划（A European Action Plan for Organic Agriculture），等等。

John et ac（2001）的研究亦发现，近年来，政府和国际援助项目用于有机认证的资金呈现不断上升的发展趋势。为了对政府如何有效资助有机认证进行研究，他运用单阶段logistic模型和数理方法对认证成本进行了全面系统分析，并对认证费用进行测算。结果表明，在完全市场竞争的前提下，自愿性认证是有效的。无论认证成本是否固定，私人认证与公共认证所带来的社会福利是一致的，对有机食品实行认证制度有助于社会福利的最大化。

然而，尽管认证能够提高社会整体福利，但是对于需要进行认证的企业而言，由于认证增加了生产者的经营成本。因此造成企业负担加大，市场竞争力降低，这成为生产者是否采纳有机生产方式的重要影响因素。Maki Hatanaka（2005）认为，尽管第三方认证（TPC）在全球发展迅速，但是TPC对于中小型的经销商，尤其是发展中国家的中小型经销商提出巨大挑战。如果缺少资金、技术甚至教育的支持，供应商要维持TPC体系的正常运转非常困难，因此，政府和国际援助项目在提高其竞争力中扮演了重要的角色。

借鉴发达国家有机农业发展的经验，增加我国财政转移支付对有机认证的资助，有助于我国社会整体福利的增加和有机农业的发展。

二、建立多元化的有机认证制度市场体系

有机农业和有机食品的标准化发源于民间团体,世界上第一个有机标准可能是英国土壤协会早在1967年制定的协会性质的有机农业标准。1972年,全球性民间团体国际有机农业运动联盟(IFOAM)成立,这为有机农业和有机食品的标准化带来了新的契机。1991年,欧洲议会颁布了VO(EWG)Nr.2092/91法案,即《有机农业和有机农产品与有机食品标志法案》,简称《欧洲有机法案》,其主要目的之一在于保护生产者和消费者的利益,并促进私人认证的发展。《欧洲有机法案》的出台为有机认证标准化提供了新的蓝本。

尽管如此,由于各国的环境、文化都存在较大的差异,完全实行全球统一的有机认证标准很有可能成为制约当地有机农业发展的重要因素。因此,各种认证组织在全球各地蓬勃发展,据不完全统计,目前全球各种认证组织有100多种。其中,私人性质的认证仍然是有机认证不可缺少的部分。当前,世界范围内的有机认证主要包括联合国、国际性非政府组织(比如IFOAM)以及国家组织(以欧盟、美国、日本为代表)三个层面的有机认证,各国内部还有众多民间认证组织大量存在。总结欧美国家有机认证市场体系发展健全的主要原因不难发现,发展多元化的市场,形成国际、国家、地方标准相补充和协调的认证体系有助于有机农业的可持续发展。另外,也有的学者认为有机认证的理想和现实之间还存在一定的矛盾,需要降低有机认证的标准和对私人企业有机认证的限制(Patricia Allen and Martin Kovach,2000),以促进有机认证市场的多元化发展。

但是,有机认证体系多元化发展也存在一定的市场风险,各种标准之间有可能相互冲突,这既增加了社会和企业的交易成本,同时也有可能为投机者提供机会。有机认证体系多元化运作需要趋利避害,形成各种标准之间的互补机制。

三、注重有机认证制度体系的国际接轨

不可否认的是,发展中国家有机认证标准离发达国家,主要是有机农业进口国要求还有较大的差距。Marian Garca Martinez(2004)认为,发达国家严格的有机认证标准增加了发展中国家从事有机农业的交易成本。发展中国家有机认证市场体系的建立受到当地农户水平、企业水平以及专门从事有机贸易的出口商等众多因素的制约。正是出于减少交易成本需求的考虑,学者普遍认为,发展中国家应该尽快建立与国际标准接轨的国内认证体系(比如单吉堃,2004)。这种国际化发展趋势亦是中国有机农业市场化运作的重要制度保障。

第三章 有机农业产业演进与协作式供应链
——以山东肥城为例

第一节 肥城有机农业产业演进的条件

一、地理条件[①]

（一）地理位置

山东省肥城市位于山东省中部偏西，泰山西麓，汶河北岸，全境南北长48公里，东西宽37.5公里，总面积1277.3平方公里，占泰安市总面积的16.45%。肥城市属中南低山丘陵区，地势由北向西南倾斜，东与泰安市岱岳区接壤，西与东平、平阴县相邻，南与宁阳、汶上县隔汶河相望，北与长清区以山为界。海拔高度最高为600米，最低为57.7米。北部的木阁寨海拔高度为524米，陶山为502.2米，形成了以肥城市盆地为特征的康汇平原，是肥城市盆地的天然屏障；中部以肥猪山、凤凰山、马山为主，是境内康王河、漕河两大自然流域的分水岭；南部的雨山、布山、九山位于汶阳平原北侧。全境地貌类型多样，沟壑纵横，形成了山地、丘陵、平原、涝洼等多种地形，山地、丘陵、平原面积比约为7:4:9（详见图3-1肥城市行政图）。

（二）气候与水土

肥城市属温带大陆性半湿润季风气候，四季分明，寒暑适宜，春季干燥多风，夏季炎热多雨，秋季晴和气爽，冬季寒冷少雪。常年平均气温13.6℃，年均降水量

[①] 部分内容参见山东省有机食品协会等，《肥城市有机食品发展规划》，2003年。

903.2毫米，水资源总量6.6亿立方米，可利用量2.2亿立方米。肥城市境内共有大小河流43条，源于泰山西麓，多为山洪河道，主要河流总长度达196公里。肥城市水文地质分属肥城市盆地和大汶河口盆地两个地质单元，肥城市盆地具有独立的补给、径流、排泄系统，地下水流向盆地，主要是岩溶裂隙水，水量大、水质好，是工农业用水的主要水源地；南部大汶河口盆地为冲洪积地层，砂层厚，补给条件好，蕴藏着丰富的第四系孔隙水，是南部工业用地的主要水源地。土壤土质肥沃，共有棕壤、褐土、砂姜黑土3个种类、8个亚类、18个土属、69个土种，这为有机农业的发展提供了良好的土壤条件。

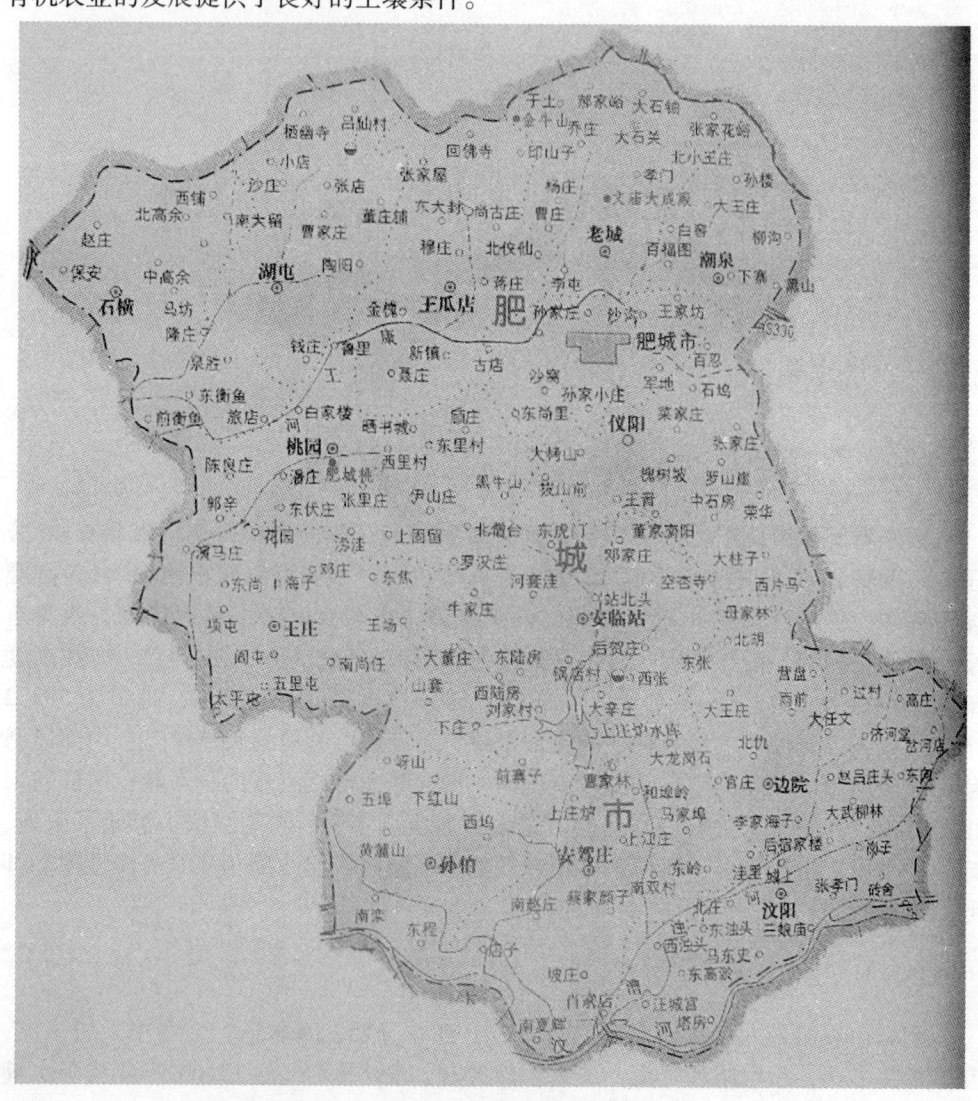

图3-1 肥城市行政图

肥城市地区自然资源丰富，土地肥沃，历史上就有"自古闻名膏腴地，齐鲁必争汶阳田"之说。与此同时，肥城地理位置优越，交通便利，全市空气质量达到二级标准，70%的土壤为高、中产土壤，氮磷钾比例比较合理，地表水和地下水水质比较好，符合国家农业灌溉水水质标准的要求。全市气候温和适宜，四季分明，光温同步、雨热同季，完全可以满足农作物一年两熟或通过间作套种一年三熟的需要，复种指数比较高，对农作物和林果生长十分有利，非常适合有机农业的发展。

二、经济社会条件[①]

（一）经济整体水平较高

肥城市是全国综合实力百强县、县域经济基本竞争力百强县和中小城市综合实力百强县，全市总面积1277.3平方公里，山区、丘陵、平原各占三分之一，耕地面积91万亩；辖14个乡镇、办事处，1个省级高新技术产业开发区，607个村（居）民委员会，截至2006年底，总人口96.49万人，男女性别比为102.2∶100。其中农业人口63.82万人，占总人口的66.2%，非农业人口32.67万人，占总人口的33.8%。2006年，全年实现生产总值129.65亿元，按可比价格计算，比上年（下同）增长17.8%；人均国内生产总值13420元，增长17.7%。其中，第一、第二、第三产业增加值分别完成15.98亿元、72.84亿元和40.83亿元，分别增长8.9%、27.1%和8.5%，三类产业比重为13∶54∶33。2006年，实现地方财政收入5.37亿元，按可比口径增长20%。城镇居民人均可支配收入达7749.6元，按可比口径计算，比上年增长5.2%；人均消费性支出为5788.03元，增长6.4%；农户年人均收入达到5251元，人均纯收入比上年增长6.5%；高于全国平均水平（参见表3-1）。

表3-1 肥城市1997-2006年社会经济指标

时间	农户人均收入	耕地面积	人口数量	劳动力数量	人均耕地面积	蔬菜种植面积（万公顷）
1997年	2556	91.1	95.26	33.9	0.95	1.26
1998年	2700	90.9	95.57	33.54	0.95	1.39
1999年	2760	90.7	96.02	34.43	0.94	1.62
2000年	2880	90.1	96.24	34.68	0.93	2.16
2001年	3055	90.5	96.36	35.04	0.94	2.38

---

① 部分参考"肥城市历年统计年鉴"。

续表

时间	农户人均收入	耕地面积	人口数量	劳动力数量	人均耕地面积	蔬菜种植面积（万公顷）
2002年	3239	90.3	96.72	35.17	0.93	2.45
2003年	3450	88.9	96.49	36.24	0.92	2.74
2004年	3849	88.7	96.47	34.57	0.92	3.03
2005年	4523	88.7	96.29	35.55	0.92	3.15
2006年	5251	88.6	96.26	35.1	0.92	3.39

资料来源：泰安市农业局。

（二）农业地位显著

肥城市是传统农业大市，农业基础较好，农副产品资源丰富，全市已基本形成了粮食、食品、瓜菜、畜牧、水产和蚕桑六大主导产业，并发展起果树、食用菌、花卉等新兴产业，是全国商品粮、优质小麦、有机蔬菜、名特优产品肥城市桃的生产基地。粮食的常年播种面积为108万亩。2006年，全年农林牧渔业实现总产值27.94亿元，比上年增长11.9%；农业增加值15.98亿元，增长8.9%；粮食总产43.15万吨，增长15.6%；棉花总产738吨，增长115%；油料总产0.55万吨，增长44.7%；水果总产12.35万吨，增长13%；蔬菜总产167.34万吨，增长16.8%；肉类总产7.89万吨，禽蛋总产5.88万吨，奶类总产0.31万吨；水产品总产0.22万吨，增长37.5%。全年造林4791公顷，林木覆盖率达到24.5%。

肥城市开发性农业和创汇农业发展潜力很大，素有种植蔬菜的传统，蔬菜是主要经济作物之一。如表3-1所示，从1997年起，肥城市蔬菜种植面积大幅度增加，种植面积达到1.26万公顷，总产47万吨，2000年突破2万公顷，2002年达到2.45万公顷，总产量132万吨。近年来，随着农业产业结构调整的深入，有机蔬菜作为"高产、优质、高效"的优势产业得以快速发展，2002年，全市有机蔬菜发展到边院、汶阳、安临、孙伯、王庄5个乡镇32个村。到2006年，通过国际OCIA、欧盟BCS、日本JONA、国家OFDC等机构认证的有机蔬菜面积就已经达到13万多亩。

（三）工业基础较好

1992年，肥城撤县建市，确立"工业立市"的发展战略，市直工业、民营企业数量和规模不断增长，工业经济总量和经济绩效得到同步提高。至2002年，全市规模以上企业101家，是1998年的2倍；资产总量136亿元；全市企业完成工业总产值123.45亿元，其中市属工业完成42.2亿元，实现销售收入44.07亿元，实现利税3.3亿元。2006年，有规模以上工业企业91家，全年实现工业增加值55.37

亿元，比上年增长36.3%。产品销售率达99.8%，比上年提高0.2个百分点。规模以上工业实现产品销售收入111.29亿元，增长34%；实现利润4.54亿元，增长255%；实现利税11.5亿元，增长76%。工业经济绩效综合指数164.2，比上年提高65个百分点。

（四）服务业比较发达

2002年，全市乡镇批发零售企业5100处，从业人员10605人，营业收入3.65亿元。目前，规模以上餐饮服务企业已达9家，年收入过千万元的餐饮企业达到六家，全市规模以上餐饮服务企业实现营业收入1.6亿元，同比增长25%。已发展较为规范的各类连锁店400余家，发展连锁经营额达7亿元，占社会消费品零售总额的比重已达11%。另外，肥城旅游业在近年来的发展也促进了服务业的进一步发展。2006年，全年共实现社会消费品零售总额39.4亿元，比上年增长14.86%。

三、需求条件

肥城市有机农业的快速发展与国际国内市场对有机食品的需求不断增长、后税费改革时期村集体积极主动开拓收入来源以及当地生产者安全生产的需求都有着紧密的联系。

（一）国际国内两个市场有机食品消费需求不断增长

近年来，有机食品逐渐成为消费者的新宠，全球消费需求逐年增长，而这种需求的增长对生产形成巨大的拉动。针对消费需求的快速增长，不少学者对消费需求形成的原因进行分析，主要如下：一是2002年欧洲疯牛病大规模爆发后，消费者安全消费的意识不断增强，消费者购买有机食品主要是为了自己和家人健康的需要。尤其是家中有孕妇以及12岁以下儿童比较多的家庭购买有机食品的可能性比较大；二是有机农业是建立在生态农业的基础上的，采纳有机生产方式有助于环境的保护，有的消费者环保意识比较强，出于环境保护的目的购买有机食品；三是欧盟一些国家的部分消费者在购买有机食品时也考虑到伦理道德的因素，他们更愿意购买在放养状态下生产出来的动物产品，同时出于保护当地从事有机生产的小农户利益的需要，购买有机食品。

尽管有机食品占全球食品市场的比例不到1%，但是却成为增长最快的行业（IFOAM），全世界对有机食品的需求估计每年超过200亿美元，并且这一数字还在快速增长。英国最大的有机贸易商预测，有机市场年增长率为20%-30%，在有些国家甚至达到50%，仅欧盟每年销售的绿色食品就占世界总量的四分之三，市场规模超过130亿美元，而且这一巨大市场需求远远未得到满足。另外，发达国家有机食品主要是依靠发展中国家的出口，这为发展中国家从事有机贸易提供了机会。

但是，全球有机产品的供需缺口依然是非常巨大的，中国发展有机食品的潜力非常大。据中绿华夏有机食品认证中心的统计，2004年中国有机农产品出口为3.5亿美元，仅占当年中国农产品出口量的1.7%，距国际市场的需求差距还非常大。

肥城有机食品90%以上出口欧美和日本市场。尤其是肥城市有机蔬菜发展早期，主要是以日本市场为主。日本对有机食品的需求增长很快，但是日本资源有限，主要依靠进口，而中国与日本一衣带水，具有地理位置上的优势，能够确保有机蔬菜在安全时间内进入日本市场。2006年3月，日本肯定列表制度出台，出于企业战略发展的需求，不少国内企业开始开拓欧美市场。与此同时，近几年来国内有机产品市场也不断扩大，尤其是北京、上海、广州等大城市的消费需求持续增长。消费对供给产生较大拉动，尽管不少肥城地区的企业还没有开始国内市场的经营，但是，均已开始密切关注其成长。

（二）后税费改革时期，村集体开拓收入来源的需求不断增长

肥城市有机蔬菜的发展，源于龙头企业带动。龙头企业一般采用产业化方式运作，并建有自己固定的生产基地，与村集体有密切的利益缔结关系。已经参加有机蔬菜基地管理的村集体，收益好的每年可以从有机蔬菜的专业管理中获取20万元左右的利润，为村集体的发展提供了一定的收入来源。

这种利益联结关系，对其他没有参加到有机蔬菜生产的村委会产生了积极的示范带动作用。尤其是2004年，取消农业税后，村集体缺少财政资金来源，村"两委"必须自己寻找创收来源，每年平均20万元的利润对于"等米下锅"的村财政无疑是一个可观的收入来源。2004年取消农业税之后，不少村委会主动将土地集中，建设有机蔬菜基地，从而引进龙头企业，发展有机蔬菜产业。从企业动员村集体建设有机蔬菜基地到村集体建设有机蔬菜基地邀请企业，肥城有机蔬菜生产的产业格局发生了质的变化和量的飞跃。

当然，企业为了保证有机产品的质量，并不认可村"两委"申请的基地，而是由自己完成基地认证的工作。尽管如此，有机蔬菜生产基地的发展与扩大，还是吸引了不少龙头企业聚集于此。目前，市级规模以上有机蔬菜加工企业已发展到15家，其中国家级重点龙头企业3家、省级重点龙头企业两家。比如，山东龙大集团专门从事有机蔬菜加工贸易的子公司绿龙有机食品公司，冷冻蔬菜年加工能力8000吨、保鲜蔬菜4000吨，带动基地1万多亩。北京绿源果蔬有限公司亦在肥城建立子公司，建设有机蔬菜加工生产线，并采用了国际先进的冻干工艺，年加工8000吨，带动基地1.2万亩。

（三）农户对安全生产环境和收入增长的需求不断增长

有机农业不允许施用农药和化肥，这使农村的生活环境，尤其是从事有机生产的农村家庭妇女的生产环境得到了很好的改善。更为重要的是早期采纳地区的经济

效益和环境效益都明显高于没有采纳有机生产的地区。以肥城地区为例，相关研究表明，仅有机蔬菜种植一项，最早采纳有机蔬菜生产方式的边院镇济河堂农户目前的每亩纯收入为4200元，高于一般没有种植有机蔬菜的农户。收入的差距成为有机蔬菜在肥城地区得到快速推广的主要驱动力（具体采纳有机生产方式对农户收入的影响有待在第六章进行深入分析）。

综上所述，无论是日本市场还是欧美市场，高端市场有机食品消费需求的增长成为肥城市有机农业产业发展不可或缺的需求动力；后税费改革时期，村集体开拓收入来源的需求不断增长成为当地引进龙头企业，发展有机农业产业的重要动力之一；而农户家庭收入增长和生产环境安全的需求不断增长亦是当地有机农业产业快速发展的主要动力。

四、制度条件

有机蔬菜产业发展的制度条件可以从国家、肥城市两个层面进行分析。

（一）国家

有机农业在国际上发展比较早，与国际相比，我国政府从21世纪初才开始鼓励有机农业的发展。当然，这与我国所处的经济发展阶段是分不开的。

2001年2月，中央在《关于做好2001年农业和农村工作的意见》中指出，要"充分发挥我国农业的比较优势，重点扶持和扩大畜禽、水产品、水果、蔬菜、花卉及其加工品等劳动密集型产品、特色产品和有机食品的出口"、"积极发展生态农业、有机农业，保证农产品安全"。江泽民同志在2001年3月和2002年3月的"中央人口资源环境工作座谈会"上又分别提出了"积极发展生态农业、有机农业、保证农产品安全"和"积极加强农业和农村的污染防治，积极推广生态农业和有机农业"。2004、2005、2006、2007年连续四年，中共中央一号文件都提到了要大力发展有机农业和有机食品。农业部、环保总局和食品药品监督管理局也把有机农业列入了本部门的发展规划和"十一五"规划。一些地方政府也相继出台了有机产品认证补贴制度。2004年6月，商务部、质检总局、环保总局等11部委联合发布了《关于推进有机食品产业发展的若干意见》。2005年，农业部制定了《关于发展无公害农产品绿色食品有机农产品的意见》，商务部和财政部也发布了《农轻纺产品贸易促进资金暂行管理办法》。这为有机农业的发展提供了各方面的发展条件。

另外，政府相关部门还先后发布了《有机食品认证管理办法》、《国家有机食品生产基地考核管理规定》、《关于积极推进有机食品产业发展的若干意见》，以规范和推动有机食品产业的发展。2006年11月《农产品质量安全法》和相关政策法规的出台更是体现了中国政府对有机事业的积极支持。

政府对有机农业的支持，不仅是受到了国际发达国家的影响，更为重要的是有机农业是生态农业发展的重要标志之一,发展有机农业将成为我国现代农业建设的重要内容和根本方向。国家有机食品发展中心肖兴基(2005)认为,有机食品在中国的发展是经济、社会、环境发展的必然选择。

而蔬菜产业作为我国农业乃至国民经济的重要组成部分,不仅能够满足国内消费者对健康食品需求的持续增长,而且,对于我国的出口创汇有重要的贡献。在中央政府鼓励有机农业发展的大背景下,发展有机蔬菜产业逐渐成为地方政府推动"高产、优质、高效"产业结构调整的重要举措。各级政府还出台多种优惠政策鼓励和发展龙头企业,以龙头企业的发展带动农户收入的增长和地区农业的发展。政策环境的改善无疑较好地促进了中国有机蔬菜产业的快速发展。但是,无疑中国有机蔬菜乃至大到有机农业的发展,其成长道路上还需要面对许多的问题与挑战,比如,是否需要在国家制度层面对有机农业的发展进行引导?以中国现有的经济发展水平,绿色食品和无公害食品的发展是否已经足够满足国民对安全食品的需要?如果要发展,应该如何进行引导?发展过程中存在哪些制约因素?比如:土地、劳动力、资金等等?是市场化的运作还是政府引导?是否会引发一定的矛盾,比如有机食品产量低,大面积发展有机食品是否会引发相应的粮食供给不足问题等等。

(二) 肥城

山东的蔬菜产业始于1984年的种植业结构调整,经过10余年的快速发展,1998年蔬菜产值与粮食持平,1999年产值更是超过粮食,成为山东省种植业中的第一产业。2001年,山东蔬菜产量占全国的17%,跨省流通量占全国的22%,总产量的70%进入全国市场,北京、上海市民每天消费的青菜有三分之一来自山东。山东成为中国蔬菜"第一菜园子",国际市场覆盖日本、韩国、美国等100多个国家。在日本市场,山东蔬菜占全国出口日本蔬菜总量的60%,其中,菠菜更是占到我国对日出口的96%。

但是,据山东省菜篮子工程办公室主任刘成禄反映,随着山东蔬菜出口数量的迅速增长,蔬菜价格也快速下降。1996年,出口蔬菜均价每公斤为1.065美元,2002年为0.474美元,7年间,平均每公斤下降了55.3%。当然,出口价格的下降与近几年的国际贸易,尤其是日本、欧盟、美国等工业发达国家贸易技术壁垒的逐年提高密切相关,这进一步加剧了国内出口企业的经营风险,并对处于生产上游的农户的收入产生重要的影响,肥城农户亦不例外。

从1994年开始,肥城在边院镇济河堂村进行有机蔬菜基地转换,1996年开始种植有机蔬菜。经过近10年的发展,有机蔬菜生产、加工、销售的完整供应链体系已经建立并运转良好,在2002年山东菠菜出口事件中,从事有机蔬菜种植的企业反而因此得到更多的订单,这对全市农业产业结构调整政策的优化起到了积极的示范作用。为了降低农产品贸易的经营风险,肥城市从2003年开始制定"有机食品发展规划",并出台了发展有机农业的相关政策,以有机农业和出口创汇农业为契机，促进农业增效和农民增收。

有机蔬菜产业更是成为肥城市政府着力培育的主导产业。在财政支补特色农业方面，将有机农业作为优势产业予以扶持，并在资金补贴方面给予适度支持。2003年，根据泰安市政府《关于加强农业财源建设的意见》（泰政发[2003]50号）文件精神，从2003到2005年，对单项农产品通过国家级质量认证的，奖励项目承办单位两万元。而这些奖励政策的出台，促进了当地龙头企业生产优质农产品的积极性，肥城有机蔬菜出口数量近10年来一直呈现上升的发展趋势（详见图3-2），每年增长速度约为30%以上。

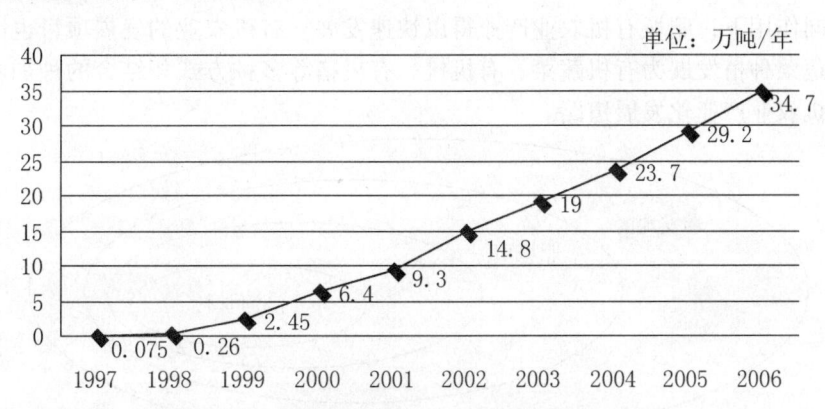

图 3-2　肥城市 1996-2006 年有机蔬菜出口

资料来源：作者整理

第二节　肥城有机农业的缘起与演进阶段

肥城市有机农业的发展起源是个别企业的市场化运作。1993年，泰安亚细亚食品有限公司获知日本消费市场对有机食品的需求较大，尽管当时有机农业在国内还鲜为人知，但是为了开拓日本有机食品市场，亚细亚食品公司还是开始尝试在边院镇的济河堂村建立了山东全省第一家有机蔬菜基地，开始发展有机农业，从而成为全国发展有机农业相对较早的地区之一。

1996年生产基地通过国家环保总局有机食品发展中心（OFDC）认证，1997年获得国际有机作物改良协会（OCIA）认证。此后，企业陆续获得不少国际国内认证，销售市场逐渐从日本单一市场拓展为欧洲、美国、日本等国家的多元市场，规模经济效益显现。订单数量的增加，也促使企业有机蔬菜基地得以扩展，从以前的1个生产基地，发展到目前的30个基地，并带动周边的农户种植有机蔬菜，从高附加值有机蔬菜出口中获得稳定的收入。

泰安亚细亚食品有限公司有机蔬菜种植的成功模式成为当地政府农业产业结构调整和农户收入提高的重要方式。当地政府确立了以有机蔬菜为突破口的"农业有机化战略",并成立了专门的有机农业发展领导小组,相继出台了扶持政策,并制定了相应的有机食品发展规划,利用多种方式加强对有机农业的宣传,促进了地方有机农业的蓬勃发展,有机蔬菜产业发展从一个村扩大到一个镇,再从一个镇拓展到全市,从而带动了全省有机蔬菜产业的发展(详见图3-3有机蔬菜辐射图)。与此同时,泰安亚细亚发展有机蔬菜的成功经验也吸引了其他企业的进入,在多重因素的共同作用下,肥城有机农业产业得以快速发展,有机农业的发展项目也由单一的有机蔬菜种植发展为有机蔬菜、有机桃、有机猪等多种方式相结合的种加养一条龙的有机农业产业化发展道路。

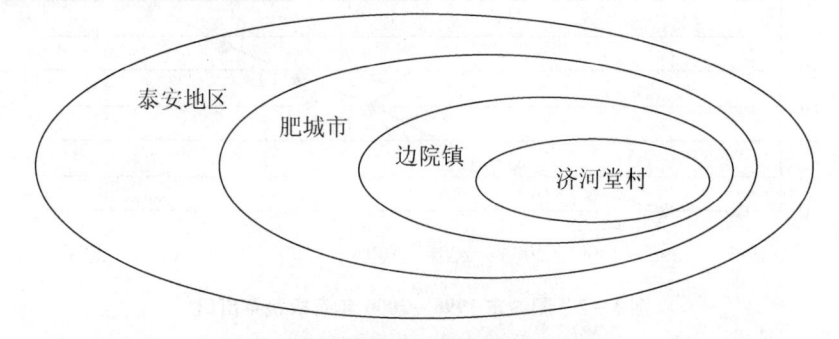

图3-3 肥城市有机蔬菜辐射图

总的来说,肥城有机农业的发展与全国有机农业发展的大背景息息相关,主要经历了启动、初步发展与规范有序发展三个阶段:[①]

第一,启动阶段(1994-2000年)。中国有机农业的开创者是"国家环境保护总局有机食品发展中心"(Organic Food Development Center of SEPA,简称为OFDC,原名为国家环境保护总局南京科学研究所农村生态研究室),1994年经国家环境保护总局批准成立。而泰安亚细亚食品有限公司是OFDC认证的首批企业之一,1994年获得OFDC认证,开始在泰安地区从事有机蔬菜生产加工。

第二,初步发展阶段(2001-2004年)。2001年6月19日,国家环境保护总局正式发布了"有机食品认证管理办法",较好地规范和管理了包括有机认证机构及其有机生产、加工和贸易者在内的有机食品行业,使之健康有序地发展。2003年初,OFDC正式获得IFOAM的国际认可,成为亚洲第三家获得IFOAM认可的机构,也是中国到目前为止唯一一家获得国际认可的有机认证机构,推动了中国有机农业

[①] 部分参见科学技术部中国农村技术开发中心,《有机农业在中国》,北京:中国农业科学技术出版社,2006年,第21-25页。

的国际接轨和与其他国际认证机构的国际互认。2003年，国家认证认可监督委员会（CNCA）接管对有机产品认证的监管权后，全国有机农业得到了比较规范的发展。同年，山东省有机食品协会帮助肥城市农业局制定了《肥城市有机食品发展规划》（参见表3-2肥城市有机蔬菜生产规划布局与规模），推动了该地区有机农业的发展，不少农业企业陆续加入到有机食品生产加工中来。

第三，规范有序发展阶段（2005年-）。2005年1月19日，"有机食品国家标准"由国家质量监督检验总局和国家标准化管理委员会共同正式发布，并于2005年4月1日起正式实施，标志着我国有机食品事业走上了一个规范化的新台阶。从肥城有机农业的发展来看，2005年，随着龙头企业的陆续进入，肥城市经过认证的有机农产品基地已经达到10万亩，初步具备了规模经济效益。

表3-2　　肥城市有机蔬菜生产规划布局与规模

规划地区	主要蔬菜品种	发展面积（万亩）		
		2005年	2008年	2013年
边院镇	绿花菜、青刀豆、毛豆、荷兰豆、胡萝卜、菠菜、黄秋葵、白花菜、小菘菜、甘蓝	3.5	4.0	5.0
汶阳镇	绿芦笋、绿花菜、白花菜、青刀豆、毛豆、小菘菜、菠菜、胡萝卜、毛芋头	1.8	2.5	4.0
安驾庄镇	胡萝卜、青刀豆、毛豆、荷兰豆、菠萝、绿花菜	1.0	1.8	2.5
孙伯镇	胡萝卜、青刀豆、毛豆、荷兰豆、菠菜、绿花菜、小菘菜	2.0	2.6	3.0
安临站镇	生姜、大蒜、毛芋头	0.5	1.0	1.3
王庄镇	胡萝卜、青刀豆、毛豆、土豆、大白菜、绿花菜	0.8	1.5	2.5
桃园镇	土豆、大白菜	0.2	0.4	0.5
新城办事处	西瓜、西红柿	0.15	0.25	0.4
石横镇	韭菜	0.05	0.1	0.3
老城镇	西瓜、西红柿		0.2	0.4
王瓜店镇	土豆、西瓜、黄瓜		0.4	0.6
湖屯镇	土豆、大白菜、毛芋头		0.4	0.6
合计		10	15.15	21.1

资料来源：肥城市农业局，《肥城市有机食品发展规划》（2003年），第53页。

第三节 肥城有机农业的发展现状与产业化发展趋势

一、肥城有机农业的发展现状

肥城市有机蔬菜产业的发展对周边产业产生较大的辐射作用。从横向的角度来看，不仅有机蔬菜产业得到了快速发展，同时其他产业也得到了发展，比如肥城市的有机果品、有机畜禽、有机粮食都得到了同步发展；从纵向的角度来看，对肥城市其他地区、泰安地区乃至整个山东省有机食品产业产生强大的辐射带动作用。

（一）有机食品认证面积

截至2006年12月，肥城市经过认证的有机蔬菜总面积达到13.8万亩，常规蔬菜的种植面积为50.9万亩，农作物种植面积为180.49万亩，有机蔬菜占农作物种植面积的比例为27.1%；泰安全市有机食品总面积达到22.15万亩，其中有机蔬菜基地面积达到16.84万亩，年产量50余万吨。肥城市经过认证的有机蔬菜种植面积占泰安市有机蔬菜种植面积的81.95%。

（二）有机食品种类

目前，肥城市有机食品种类主要有有机蔬菜、有机桃、有机猪等，其中有机蔬菜包括大叶菠菜、菜花、毛豆、刀豆、芦笋、萝卜、甘蓝等30多个品种。

（三）有机食品基地获得认证种类

有机农业的发展离不开有机食品的认证，只有经过授权机构认证的食品才能称为有机食品，才允许贴上有机认证的标签。山东有机食品主要是以出口日本、欧美等工业发达国家为主，必须获得进口国的认证才能从事食品加工贸易。尤其是近年来，发达国家对我国的贸易条件越来越苛刻，国际贸易中关税壁垒日益降低，非关税壁垒日益增多，技术贸易壁垒尤其是"绿色贸易壁垒"在国际贸易中逐渐强化，而国际有机认证成为我国农产品贸易跨越绿色技术壁垒的通行证之一，这促使肥城市从事有机食品加工贸易的企业在基地认证方面加大资金投入力度，全市发展的有机菜基地先后获得日本JONA、欧盟BCS、国际OCIA以及国家有机食品发展中心OFDC的认证。

（四）有机食品注册品牌

在越来越激烈的市场竞争中，品牌对提高企业竞争力的作用越来越重要。一般研究认为，品牌作为企业的核心竞争力，对于企业开拓市场，提高信誉，获得稳定的客户来源具有重要的作用。随着多年从事有机食品加工经验的积累，肥城市企业自主创新，发展自由主牌的意识逐渐有所增强。截至目前，肥城市现有专门从事有机农产品开发加工、具有一定规模的企业10余家，主要注册了"济河堂"、"三绿源"、"龙山河"（西瓜）、"泰山极顶"（生姜）、肥城市桃等5种产品。所产有机蔬菜食品主要出口日本、美国、加拿大、欧盟、中国台湾、中国香港等国家和地区，有机食品年出口创汇达到3000万美元，年均增长30%以上，有机食品出口创汇额占全市农产品出口总额的50%以上。

二、肥城有机农业产业化发展对现代农业建立的作用和意义[①]

由上述数据的描述性统计分析可知，肥城市有机农业的发展，尤其是有机蔬菜近年来发展非常迅速，生产基地规模扩张很快，有机农业的产业化发展已经成为当地现代农业建设的重要内容，这和有机农业产业演进对肥城市现代农业建设的作用和意义密不可分。

建立现代农业从根本上讲就是要改造传统农业，转变农业增长方式，促进农业又好又快发展。现代农业的核心是科学化，目标是产业化。有机农业作为环境友好农业，其产业化发展不仅能够提高环境效益、吸纳劳动力就业、提高农业的比较效益，而且有利于将科学技术转化为生产力，有利于农业领域的招商引资，提高农民收入。因此，以产业演进为标志的有机农业产业化是建立现代农业的重要途径之一。在当前我国大力发展现代农业的新任务新要求下，肥城市有机蔬菜产业产业化发展前景广阔，意义重大：

第一，有机蔬菜产业化发展有助于满足国际国内市场对有机蔬菜快速增长的需求。

我国是有机蔬菜的生产大国，同时也是有机蔬菜的消费大国。当今世界崇尚自然，追求食品高质量的趋势决定有机蔬菜产业以市场为导向，统一组织的产业化方向。随着生活水平的提高，消费者迫切要求市场提供无污染和高质量的食物，而健康安全、口感好的食物越来越受欢迎。

尽管目前中国已经有三分之二的省份在尝试和从事有机农业，但是，以有机方式生产出来的产品依然不能够满足消费者日益增长的需求，有机生产供给与消费需求之间还存在较大的差距，尤其是消费者对有机蔬菜的需求较难得到满足。方志权

[①] 参见刘璐琳等，《江西有机农业发展的现状及产业化发展趋势》，求实，2007年第10期。

对上海市有机蔬菜的研究表明,上海有机蔬菜的供需缺口为日均450吨。与此同时,受到有机蔬菜价格虚高、品种少等诸种因素的制约,有机蔬菜的消费需求亦不能及时地转化为现实的购买能力。对有机蔬菜实现产业化经营,通过产业组织的协调运作,不仅可以为农户有机蔬菜生产提供产前、产中、产后的优质服务,提高劳动生产率,而且能够坚持市场化导向,加强生产者和消费者之间的信息沟通,有效地解决小生产和大市场之间的问题,从数量和质量两方面满足消费者对安全、优质、高效蔬菜日益增长的需求。

第二,肥城有机蔬菜产业发展有助于传统农业生产方式向现代农业生产方式的转变。

20世纪70年代以来,"石油"农业的发展在一定程度上促进了农业劳动生产率的较快提高,也带来了农药、化肥、除草剂、农业用地膜的大量使用,造成生态环境脆弱和经济增长粗放。不少农村地区生态环境破坏严重,已经变得越来越不适合居住,经济有增长无发展的问题凸显。因此,农业增长方式迫切需要从传统、粗放式经营向现代集约型、科技型的增长方式转变。而肥城市有机蔬菜产业化经营正适应了这种农业增长方式的转变。首先,有机蔬菜属于劳动密集型产业,生产精耕细作,生产管理严格,其生产原理主要是运用大自然运作的基本规律,增强土壤的活性、地力以及物种的多样性。其次,有机蔬菜生产的最大特点是在生产加工过程中,不使用化学农药、化肥、除草剂、合成色素、添加剂和防腐剂、生长激素等。只有严格按照有机方式生产出来的产品,并经过认证以后才能贴上"有机食品"的标签,被称为有机蔬菜。因而,采取有机方式进行蔬菜生产有助于肥城地区生态环境的保护和经济增长方式的转变。

第三,有机蔬菜产业化经营是肥城市实现现代农业发展的有效方式之一。

为从源头上保证有机农产品的质量安全,有机蔬菜对生产环境要求严格,尤其是对空气、土壤、水质的要求严格,蔬菜生产不能施用农药和化肥,采用有机的生产方式能够实现生态、经济和社会综合效益的整体提高,符合现代农业的发展要求。

以肥城市近5年农药化肥的施用情况为例,如表3-3、图3-4、图3-5所示,肥城市农户每公顷采纳生物农药的数量呈快速增长的趋势,而与之相对的是采纳普通农药的数量逐渐减少,普通农药施用数量更是由1997年的4.05公斤/公顷下降到2006年的3.09公斤/公顷。与此同时,化肥的施用数量也呈现出逐年减少的趋势。截至2003年底,肥城市农户在农业耕作过程中平均每年亩施化肥可达200多千克,而通过采纳有机种植方式,肥城市地区的化肥使用量明显下降,按照全省平均化肥施用量42公斤/亩(折纯)计算,到2005年施用化肥减少2628吨/年。农药化肥施用量的减少对周边的环境产生比较显著的影响,而这种环境的改善又促进了有机农业的发展,增强了农业的发展后劲,促使当地经济走向可持续发展的良性循环道路。

表 3－3　2002－2006 年泰安市农药施用情况

单位	2002 年	2003 年	2004 年	2005 年	2006 年
泰安市	6889	7443	7443	7845	8062
泰山区	235	244	244	437	291
岱岳区	1450	1540	1540	1604	1673
宁阳县	1217	1309	1309	1606	1342
东平县	819	878	878	1808	1122
新泰市	910	1241	1241	1475	1708
肥城市	2258	2231	2231	915	1926

图 3－4　1997－2006 年肥城市生物农药施用量

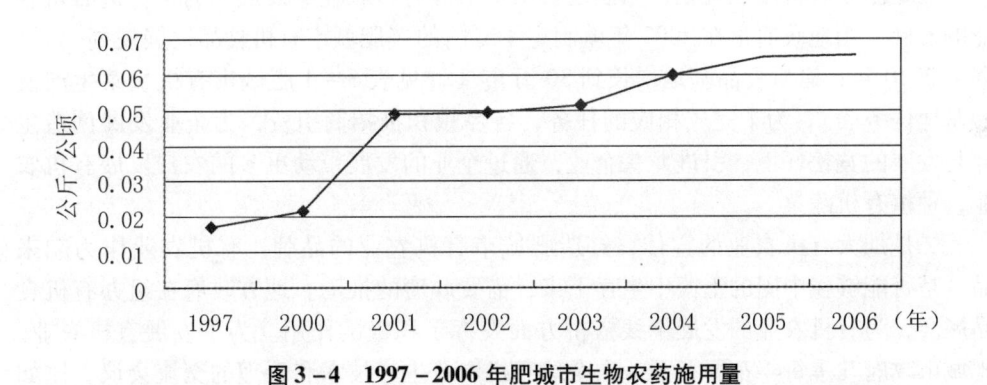

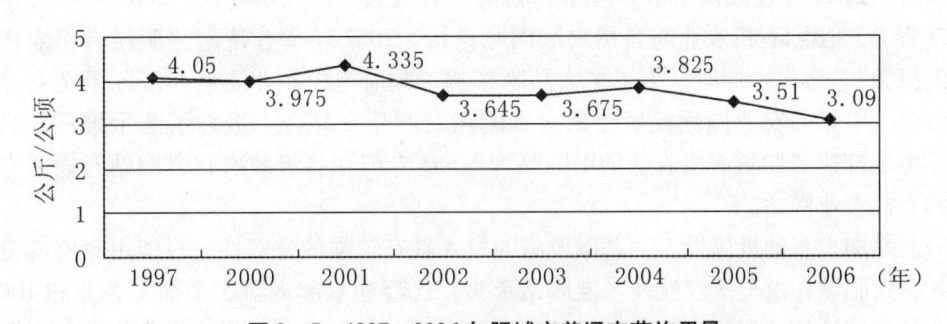

图 3－5　1997－2006 年肥城市普通农药施用量

资料来源：图 3－4、图 3－5、表 3－3 为作者根据相关资料整理。

当前，肥城的有机蔬菜产业已经成为当地的主导产业。有机蔬菜产业化发展，不仅能够通过龙头企业帮助农民解决生产与销售的问题，而且可以发挥主导产业、优势产业的辐射作用，带动有机蔬菜加工产业、运输产业、有机种子、有机肥料以及其他服务产业的发展，实现主导产业与相关非主导产业的一体化经营，打破资本、劳动力资源禀赋城乡分割的格局，保证产业链各个组成部分都能获得整个产业的平均利润，从而带动农民治贫致富，促进现代农业的发展。

三、政府在有机农业产业化发展中的作用

按照西方主流学派的界定，公共品是指在消费上具有非竞争性和非排他性的物品或服务，而准公共品的服务具有很强的外部性，很难杜绝搭便车行为，单一的私人企业很难提供这种服务，只能由当地政府或者是产业协会等提供，专业化的基础设施、教育项目、信息、贸易会展等都是准公共品的一部分（郑风田、顾莉萍，2006）。在肥城市有机蔬菜产业的发展中，地方政府主要承担起准公共品提供的责任，并承担以下角色：

一是制定有机发展规划，从制度供给上引导有机农业的发展。为了促进有机农业的发展，当地政府早在2003年就制定了专门的《肥城市有机食品发展规划》，计划到2010年，有机食品基地增长到30万亩（详见表3-4肥城市有机蔬菜生产发展基地任务表）。为了完成相应的任务，各乡镇积极招商引资，为企业发展创造生存与发展的宽松环境，引进龙头企业，通过企业的发展带动更多的农户发展有机农业，种植有机蔬菜。

二是加大有机农业的宣传，打造肥城市有机农业的品牌。有机农业作为舶来品，是否能够在中国的土壤中生存下来，需要政府的推动。地方政府在组办有机食品展会，为有机农业的发展牵线搭桥方面发挥了积极的作用。为了发展有机农业，肥城市政府几乎每年都要召开一次全球有机农业生产技术和管理的交流会议，比如2006年、2007年连续两年举办国际（肥城）有机农产品发展论坛、2007年举办中国（青岛）国际有机农业与自然农法国际论坛、2007年举办济南"肥城有机农产品汇报会"，等等。同时，为了扩大品牌影响，政府组织企业先后在国际果蔬食品博览会、中日韩农业国际经贸洽谈会、国际农产品交易会上进行了演示推广。另外，为了打造"肥城有机农业的国际品牌"，还专门在各级政府官方网站开通了专门的有机农业网站。

三是加大基础设施投入。基础设施的投入具有较强的外部性，只能由政府部分投入，在肥城，由县级农业技术推广站牵头，已经建立起涵盖5个加工企业和100多个种植基地的"肥城市有机蔬菜协会"，进一步完善了有机蔬菜产业化链条，既方便农户学习有机生产技术，在遇到生产技术难题时得以及时解决，同时也增强了农户与企业之间的沟通协作。另外，为了发展有机农业，村集体与龙头企业积极合作，组建了有机蔬菜合作社，组织农户以土地、生产技术入股，既解决了农户生产技术和销售难题，也有效降低了企业的组织管理成本。

表 3-4　肥城与泰安市有机蔬菜生产发展基地任务表

面积单位：万亩；乡镇单位：个

地区	2004 年	2005 年	2006 年	2007 年	2008 年	2009 年	2010 年	涉及地区
泰山区	0.05	0.08	0.10	0.15	0.25	0.35	0.40	2
岱岳区	0.80	1.10	1.30	1.50	2.00	2.50	3.00	8
新泰市	0.20	0.40	0.70	1.00	1.20	1.40	1.60	7
肥城市	8.00	10.00	12.00	15.00	17.00	19.00	20.00	11
宁阳县	0.40	1.00	1.30	1.50	2.00	2.50	3.00	8
东平县	0.15	0.30	0.50	0.85	1.25	1.65	2.00	6
合计	9.6	12.88	15.90	20.00	23.70	27.40	30.00	42

资料来源：泰安市农业局。

第四节　肥城有机蔬菜协作式供应链的产生、类型与特征

一、肥城有机蔬菜协作式供应链的产生

任何特殊事物的产生都离不开所处时代的特殊背景。进入 21 世纪后，全球食品安全事件频频爆发，比如，英国疯牛病肆虐；1996 年日本大肠杆菌中毒事件导致 10 人死亡，10000 人中毒；1999 年比利时发生的二恶英事件使数万人不同程度受到伤害等等。世界卫生组织的调查显示：全球每年大约有 1000 万人死于食源性疾病，食品安全问题严重威胁人类健康，世界各国政府和社会公众对食品安全（Food Safety）问题的关注程度与日俱增。

在这种背景下，消费者消费安全食品的意识越来越强烈，有机食品成为工业发达国家和中国国内特殊消费者的新宠，有机农产品从其诞生开始就决定了其特有的地位——满足特殊消费者对安全食品的需求。显然，消费者个性迥异，消费需求呈现多元化的特点，而有机食品价格高于普通食品数倍（发达国家一般为 1.5-3 倍，中国为 3-9 倍）的特点，决定了生产加工企业必须控制好产品的质量、数量，才能在复杂的市场竞争中取胜，实现企业利润的最大化。

相关研究表明，协作式供应链能够成为企业控制食品安全的有效手段，并将成为 21 世纪的发展主流趋势。肥城有机蔬菜 90% 以上是出口日本、欧美等工业发达国家，协作式供应链能够降低企业的经营风险，成为企业优先选择的主要发展模式。

二、肥城有机蔬菜协作式供应链的类型与运行机制

（一）肥城有机蔬菜协作式供应链类型

黄祖辉、刘东英（2007）根据主体组织化程度和物流活动的综合程度将生鲜农产品物流链分为四种类型，即"提篮小卖型"模式（又称为"计划型物流链"）、"订单式团体供货"模式、"农贸市场型"模式与"超市型"模式（又称为"准时制供应链"）。由于有机食品属于高端消费品，消费群体具有特殊性，同时，有机食品在中国的发展相比较工业化发达国家起步晚但速度快，主要是以出口工业化发达国家和北京、上海、广州等大型城市为主，因此，相应物流链是以第二种和第四种为主，以下简称为供应链一和供应链二。

供应链一：这种供应链物流主体的组织化程度低，但是交易主体之间有共同的目标，交易关系相对固定，订单农业成为这一供应链各节点之间的主要联结方式。由于受到订单的约束，供应链主体能够有计划地部分实现流向、流量和职能分担。

供应链二：相比较第一种，这种供应链的组织化程度有较大幅度的提高，自组织化程度高，牛鞭效应降低。供应链拥有现代化的实现供应链管理的平台，以发挥农产品的特性，实现供应链整体效益的最大化。

肥城有机蔬菜协作式供应链主要属于第一种类型，这种供应链主要联系国际市场。而第二种供应链主要存在于大型和超大型城市的现代化超市中，相比较第一种供应链，这种供应链更短，更有助于供应链绩效的实现。

（二）肥城有机蔬菜供应链的运行机制

随着国际市场对中国食品技术要求的不断提高，如何从源头上控制有机食品的质量安全亦变得越来越迫切，这种高标准和中国"原子化"的分散农户一旦结合，就不断推动中国有机农业产业化发展模式的升级优化。产业链条中的龙头企业具有外联国内外市场、内联生产基地、带动千家万户的功能，是农工商一体化、产加销一条龙的"火车头"。而商品生产基地则是龙头企业得以快速发展的基础和前提条件。没有商品生产基地，龙头企业就失去了稳定的供应来源，成为无源之水，难以形成规模化生产，自然也就难以获取稳定的经济绩效。从这个意义上讲，龙头企业和生产基地两者之间是相辅相成、互为市场、缺一不可的关系。

伴随着中国有机农业的快速发展，尤其是有机食品消费者对安全食品需求的不断增长，龙头企业与基地、农户之间正在形成越来越紧密的合作关系。有机农产品供应链的运行机制也逐渐由单一的"龙头"企业带动型向多元化的发展模式转变。

运行机制之一——"龙头"企业带动型

在这种组织形式中，公司与农户最主要和最普遍的联结方式是订单，公司与生

产基地、农民经济合作组织或者是农户签订产销合同，明确双方的责权利，企业为农户提供资金和技术方面的支持，负责新技术的开发，并保证按照协商的价格收购农户的农产品，农户按合同规定定时定量向企业交售优质产品，由"龙头"企业加工、出售制成品。

"龙头"企业带动型最早的发展形式是"公司+农户"模式，主要是指企业在农业生产过程中按照与农户签订的合同组织安排生产的一种农业产销形式，是农业产业化经营中最主要也最普遍的纵向一体化组织形式。这种组织形式的出现是现代生产要素、生产方式对建设现代农业的新要求，随着山东最早发展"公司+农户"形式，农村自给自足的生产方式逐渐被现代的生产方式所替代。适应有机农业产业化高速扩张的需求，农户与龙头企业之间建立了多种多样的利益联结机制，产业链运行机制呈现多元化的特点。

"公司+农户"产业组织模式的扩展类型还包括：公司+基地+农户、公司+协会+农户、公司+合作社+农户、公司+大户+农户等类型，其制度核心是契约，核心企业是农业产业化龙头企业，以核心企业为中心的"核"式供应链正成为现代产业链的主流发展趋势。据权威机构统计，"公司+农户"的模式占21世纪初中国有机农业单元总数的75%以上。

这种发展模式的主要优点在于，双方市场化运作、企业化经营，通过合作博弈获取有机农产品产业链整体利益的最大化。但是存在的主要缺点在于农户与核心企业处于不平等的地位，龙头企业处于买方垄断市场地位，另外，由于有机农业在中国发展时间短，有的龙头企业在本地甚至处于寡头市场地位，在有机农产品价格上具有绝对领导优势。在这种供应链运行机制中，分散的小农户依然处于弱势地位。与此同时，核心龙头企业承载市场风险的能力有限，一旦企业订单出现波动，农户利益很有可能首先受到侵害。农户与龙头企业没有建立起真正的"利益分享，风险共担"的机制，有机农产品是否能够实现价值取决于龙头企业。组织的内在缺陷决定了这种组织很难长久发展，属于松散型的农业产业链组织。

例如，坐落在京郊的乐活城超市有限公司供应链就是典型的企业带动型。为了保证有机食品供应的质量安全，公司采取了纵向一体化的管理模式，超市有机产品的供应完全来自于自己的有机生产基地。2003年，公司通过返租倒包①的方式，在京郊密云地区建立了之万农庄有机生态庄园。首家超市于2006年8月开业，专营

---

① 返租倒包是中国农村经济体制改革中出现的一种生产体制模式，是指企业租赁农民土地，投入资金开发，再返租给农户从事生产。返租倒包经营体制的优点在于企业可以自主安排生产并进行组织管理，公司对农场实行完全管理，从农业生产设备的投入、生产物资的采购、农药化肥的具体施用以及有机农产品生产出来以后的收获和销售，全部由公司负责，有机产品的市场开拓也由公司承担。在规模扩张的不同阶段，企业的边际成本呈现倒U型的特点。对于出租土地的农户而言，在以返租倒包实现的企业规模扩张中，他们至少能够获得土地和劳动的平均利润，企业获得经济利益的最大化。因此，这种方式比企业与农民共同经营土地收入分成更能激励企业。但是，这种发展模式的主要特点是企业需要承担比较大的经营风险，而且资本投入比较高。

有机健康食品。现已在北京、上海、广州等大城市建立了 30 多家分店及专柜，并有继续扩大的趋势。公司的经营理念是，乐活城出售的不仅仅是商品，更是一种生活态度。这种发展模式有助于实现企业利润的最大化。

在发展过程中，也有不少企业在规模发展壮大后，不断探寻与农户之间更加紧密的合作关系，以实现更加持续有效的发展和共赢。

比如，内蒙古清谷新禾有机食品有限责任公司成立于 2002 年，前身是内蒙古库伦旗北大荒实业有限责任公司，目前专业从事有机农业种植和有机食品加工与开发，公司通过 ECOCERT、OFDA、中绿华夏、NOP 国际有机认证的农田已经达到 12.5 万亩。公司坚持基地化种植，产业化经营的发展战略，不断探索企业经营的发展模式，经历了"公司+农户"、"公司+基地+农户"、返租倒包等多种发展模式，最后在实践中总结发展了农民员工化管理的新模式，将农民吸纳成为企业内部的员工，给予同样的福利待遇，从而和农户之间建立起更加紧密的协作关系，并有效保证了有机农产品质量的生产安全。在实践检验可行的基础上，企业准备对这种新的模式进行小范围地推广。

运行机制之二——中介组织带动型

在这种组织形式下，存在两组利益对等关系，一是龙头企业与中介组织；二是中介组织与农户。龙头企业与中介组织以及中介组织与农户之间的利益关系一般通过合同契约方式得以实现。龙头企业委托中介组织进行农产品的收购，并支付其一定的佣金；或根据合同，中介组织负责收购农产品，龙头企业按其收购数量，给予一定的提成（傅新红等，2007）。[①] 这种利益分配机制有助于减少企业与分散的农户之间打交道所产生的管理费用和协商所产生的交易费用，有助于降低管理成本和交易成本。而中介组织与农户之间的经济利益则主要通过组织章程及合同联结起来，有的中介组织在赢利的基础上还按成员的交易额，返还给成员一定利润，或按合作组织成员入社的股金，进行"分红"。这种产业链运行的主要好处在于帮助广大农户组织规模生产，从而提高收益。

例如，山东省 SD 村 LL 有机蔬菜合作协会[②]，是由村支部书记发起建立的非营利性社团组织，主要合作企业是山东省龙头企业龙大集团绿龙公司。为解决小农户分散生产带来的标准难统一、质量难控制问题，协会探索了以"土地入股，集约经营，收益分红"为特征的股份制农场模式。农户自愿以土地入股有机生产合作社。农场与龙头企业签订订单合同，一年实行两次分红。基地的管理全部由管理人员实行，比如种植品种的选择、生物农药和化肥的施用等，农户按照农场的要求进行有机蔬菜的标准化生产。目前，村里近三分之一的人参加了"土地入股"。孙东村的

---

① 林坚、陈志刚、傅新红主编，《农产品供应链管理与农业产业化经营：理论与实践》，北京：中国农业出版社，2007 年，第 94 页。

② 作者根据访谈资料整理。

土地股份合作制实现了加工龙头与有机生产基地更加紧密的衔接，并快速地被周边的其他基地所采纳。

运行机制之三——政府带动型

随着农业产业结构的深入调整和有机农业综合效益（社会效益、生态效益和经济效益）逐渐得到社会的肯定，不少地方政府将有机农业作为"优质、高效"的特色产业进行大力发展，有的农业主产地区甚至整县发展有机农业，推动了有机农业产业化的快速发展和有机农产品产业链的组建。为了推动有机农业的发展，当地政府在财政贴补、税收和技术推广、销售等方面给龙头企业提供优惠的政策，有效降低了企业的搜寻成本、交易成本，拓展了市场，形成了以企业为龙头，农牧民参与有机农业生产的产业化发展模式。

比如山西省XJ县是传统农业县，近年来，县委、县政府将有机农业的发展作为整个农业产业结构调整的战略重点，在原"无公害食品行动计划"的基础上，大力发展有机农业，2005年12月28日，全县包括大田粮食作物及加工、保护地蔬菜、大田果树、食用菌、中药材、畜禽养殖等30个品种的农产品被认证为有机食品和GAP认证产品，总面积近13万亩，覆盖全县10个乡镇，形成了我国同一区域内结构最完整、衔接最完善的有机产业链。[①] 但是，这种产业链运行的主要缺点在于市场化运作不充分。

运行机制之四——其他带动型

比如科技带动、大户或者是村里能人带动等，其中又以科技带动居主导地位。在这种组织形式下，利益的主体是科研单位、农业技术推广站与农户两方面。其利益分配方式主要有以下几种：（1）提供技术服务、收取佣金；（2）以科技入股，形成股份公司，按股分成；（3）规模化生产，包购包销。这种利益分配有助于先进科技单位科研技术的推广，有助于提高产品的品质、竞争力，使得有机农产品更加符合市场的需要。[②]

随着中国经济社会的发展和城乡二元结构被打破，农民分化的现象已经越来越突出，竞争意识强、接受科技知识快、有知识有头脑、敢闯市场的新型农民正成为带领周边农户致富的带头人，尤其是那些有着特殊经历，比如外出打工、当兵的农户。他们在村里具有一定的号召力和感染力，面对全球化市场风云变化，能够及时把握历史机遇。在有机农业的生产中，他们率先感觉到市场巨大的需求，将分散的农户组织起来，统一农作、统一投入、统一销售。这种发展模式的主要缺点是小农户的分散性、组织者管理的局限性和信息的闭塞性，小农户组织管理难度比较大，较难保证有机生产的完整性和可持续发展，在21世纪初中国有机农业发展中所占

[①] 《山西省新绛县扎实开展有机农业与标准化农业工作》，中国现代企业报，2006年4月12日。
[②] 林坚、陈志刚、傅新红主编，《农产品供应链管理与农业产业化经营：理论与实践》，北京：中国农业出版社，2007年，第94页。

的比例比较小。

综上所述，目前肥城有机农业的运行机制主要有以下三种："龙头企业带动型"、"中介组织带动型"和"大户带动型"三种，这三种农产品供应链各有利弊，具体如上所述。经过实践的检验，"龙头企业牵头，村两委合作组建的有机蔬菜栽培合作社"或者是由县农业技术推广站组建的有机蔬菜栽培协会在发展中优势明显，符合了各方的利益，得到较好的发展。

三、肥城有机蔬菜协作式供应链的特征

有机农产品有特殊的消费者，对生产、运输也有特殊的要求，这决定了其供应链具有自身的特殊性和不足：

（一）有机蔬菜协作式供应链的本质特征是以市场为导向

众所周知，中国的安全食品结构是无公害食品、绿色食品和有机食品"三位一体"的金字塔结构，有机食品处于金字塔的最顶端，也是市场化运作最充分、国际接轨最好的部分，厂商要获得必要的利润回报，必须以消费者的需求为导向，把握瞬息万变的市场变化，满足消费者多元化的需求。在国内，有机食品消费市场还不成熟，产品种类和市场供应都比较有限，这在很大程度上制约了消费者对有机食品需求的增长。与此同时，生产者和消费者之间信息不对称、有机食品价格奇高，也抑制了消费者的需求。因此，市场导向性是肥城有机农产品协作式供应链的本质特征。

（二）有机蔬菜协作式供应链中质量安全控制更加有效

有机蔬菜市场主要面对欧美、日本等工业发达国家，而这些国家对进口食品的安全要求都很高，制定的许多标准一般高于国际标准，尤其是关于农药残留和检验检疫的标准都非常严格，禁止进口、索赔等事件时有发生，这增加了中国食品出口企业的经营风险，并促使企业把好食品质量关。

而有机蔬菜协作式供应链在一定程度上解决了蔬菜的质量安全问题，尤其是其产业化的运行机制从制度供给上保证了有机产品的质量安全。不少龙头企业基本实现了对有机蔬菜生产环节质量安全的全程控制，比如，种子、有机化肥等农业生产物资的统一配给，生物农药由专业人员统一施用，对基地有机农产品施行双向质量检测（即采摘时当场验收、产品质量加工前再进行检测），有机蔬菜加工环节实施与国际接轨的 HACCP 质量安全控制体系等等。

（三）分散的小农户在有机蔬菜协作式供应链中依然处于弱势地位

我国小农户不仅经营分散、土地细碎，很难形成规模经营，而且信息获取能力有

限，思想观念与现代企业相比还有较大的差距。作为供应链上游的生产供给者，农户常常缺少与龙头企业谈判的技巧和能力。尽管农民经济合作组织在近年来发展比较迅速，但是，农民参与的程度依然有限。尤其有机生产基地对环境要求严格，主要分布在工业化程度比较低的山区，这些地区的农户与发达地区农户的思想观念又存在较大的差距。销售市场与生产基地之间的距离加大了农户对龙头企业的依赖，并决定了处于供应链源头的从事有机农产品供给的小农户在供应链中处于弱势地位。

（四）有机蔬菜协作式供应链中核心龙头企业的领导能力对供应链的整体绩效影响较大

无论是以出口为主的有机农产品供应链还是以超市供应为主的国内供应链，都离不开龙头企业的带动。龙头企业可能是以原料工业为主、生产加工为主，也可能是以物流销售为主，但是，无论企业的性质如何，具备规模效应的龙头企业只是少数，而这些企业的能力又受到当地政府政策和自身资源禀赋及与农户利益分享意愿的影响。另外，为了规避风险，龙头企业不愿意一味地扩大生产基地，片面地追求规模经济，因此，龙头企业加工能力有限限制了更多的农户参与到与高附加值有机蔬菜出口供应链相关的生产中来。

第五节 本章小结

总之，山东省肥城市有机蔬菜发展有近13年的历史，肥城市地区土壤肥沃，空气、农业用水的质量都适合有机农业的发展，是我国有机农业发展的代表地区。

肥城有机蔬菜产业之所以能够在短短的13年之中从无到有，到现在成为全国有机农业"发展最早、面积最大、质量最好、效益最高"的典型地区，与有机农业对于现代农业建立的重要作用和意义密切相关，成为地方政府"高产、优质、高效"农业产业结构调整的重要方式。政府在其产业演进中发挥了积极的作用，同时肥城有机蔬菜产业的快速发展离不开肥城的自然地理、社会经济条件，以及有机食品消费需求快速增长的国际国内环境。

有机蔬菜协作式供应链对于食品质量的提高有显著作用，其运行机制主要包括"龙头企业带动型"、"中介组织带动型"、"政府带动型"以及"科技带动"、"大户带动"等多种类型，但是，无论是以哪种类型为主，都与核心龙头企业的领导与加工能力分不开。有机蔬菜供应链中核心龙头企业领导能力的高低，对农户的参与行为影响较大。针对这种情况，地方政府应该注重对龙头企业的引进和培养，通过发展龙头企业、鼓励中介组织带动农户、培育有机农业发展的制度环境，促进有机农业在中国的发展。

第四章 肥城农户有机生产决策及影响因素分析

随着国际上食品安全问题的频繁爆发，尤其是20世纪80年代英国沙门氏菌、90年代疯牛病以及2001年口蹄疫的大规模爆发，有机农业正成为全球食品供应链中保证食品安全的一种有效方式。[①] 而生产者供给安全食品的主要驱动力是为了满足消费者日益增长的对安全食品的需求。

相关研究表明，1980－1990年这十年，全球有机产品供应增长缓慢，主要是因为只有少数的农户转换为有机生产（KS Pietola；AO Lansink，2001），而有机产品供应有限又限制了消费者需求的增长。由此可见，农户作为有机生产的主要参与人，其是否采纳有机生产方式对有机农业的发展影响重大。

但是，分散的小农户发展有机农业风险很大，主要原因包括：一是有机农业对生产基地有严格要求，决定了生产基地主要以生态环境好、工业污染少的山区和偏远地区为主；二是有机食品的消费者主要以工业发达国家和国内大中城市、甚至超大型城市为主，因此，有机食品的生产基地与消费市场之间的距离遥远，生产者和消费者之间存在严重的信息不对称，从有机产品供给的角度看，对小农户而言，无论是生产技术、市场信息的获取，市场渠道的开拓，还是种什么、如何种，都存在较大的困惑。如何化解市场风险，使有机农业的潜在利润转化为现实收益，是农户在作出生产决策时必须面对的现实问题。

本书主要研究的问题是，伴随有机农业在中国的发展和有机农产品出口供应链与超市供应链的组建，分散小农户的生产行为是否会因此受到影响？在新生产方式的采纳过程中，他们可能遇到哪些阻碍？是否采纳的影响因素主要是什么？

[①] 杨万江，《基于食品安全构建食品农产品供应链的思考》，《农产品供应链管理与农业产业化经营：理论与实践》，北京：中国农业出版社，2007年，第172页。

第一节　农户有机生产技术采纳的文献述评

一、农户技术采纳行为研究

技术采纳行为的研究一直是经济学研究的热点和难点问题，技术采纳行为在农业经济领域的研究在当今亦非常盛行。美国经济学家西奥多·W·舒尔茨（Theodore W. Schultz）指出："改造传统农业的根本出路，在于引进新的生产要素，也就是进行技术创新以提高投资收益率，给沉寂的传统农业注入活水，让他顺畅地流动起来。"

林毅夫（1991）认为，农户是否采用新技术受到两个主要因素的制约，一是学习新技术的成本；二是采用新技术的预期收益。学习新技术的成本，包括采用新技术的直接支出和学习新技术的机会成本。采用新技术的预期收益，包括预期风险程度（自然灾害等客观风险和主观风险），在对新技术和信息缺乏了解的前提下，农户一般不愿意采用新的技术。

汪三贵等（1996）采用 Logistic 和 Probit 模型对信息不完备条件下的贫困农民接受玉米地膜覆盖技术的行为进行分析，认为贫困农户的技术选择行为总体上是风险规避型的。

邹传彪和王秀清（2005）认为，农户选择是否提供高质量产品，取决于所增加的利润，影响这种利润增加的因素可以概括为 5 个方面的效应：价格、组织、检测成本、生产成本以及监管效应。价格效应，反映通过检测的农产品可获得的价格与产品在竞争性市场获得的价格之差对质量产生影响；组织效应，反映组织对质量提供的影响；检测成本效应，反映检测成本对农户提供高质量农产品的影响；生产成本效应，反映高低质量成本之差对高质量农产品提供的影响；监管效应反映监测水平对质量提供的影响。

关于农户新技术采纳的影响因素，刑安刚（2005）对我国种植业结构调整中的农户行为进行了分析，认为影响农户决策的因素分为外部因素和内部因素，外部因素包括：国家的相关政策、当地的自然资源、基础设施建设情况、市场需求与对市场价格的预期、其他种植户的影响、当地治安状况等；内部因素包括：家庭人力资源储备、自有资金的多少、经营土地的规模、接受技术的能力、自我需要、对收益的预期、种植习惯与偏好、家庭其他成员的意见等等。在各种影响因素中，对农户决策影响最大的是市场价格。影响农户技术选择的主要因素有：农户的人力资源储备，特别是家庭成员受教育程度、采用技术的成本、技术本身的难度、技术采用后对效益的预期提高程度、技术推广部门的推广方式和宣传力度、政府的政策、农户对技术的渴望和认识程度等。

孔祥智（2005）等对农户技术采纳的影响因素进行归纳，认为农户是否采纳新技术主要受到教育、经营规模、空间距离、经济条件和其他因素的影响。通过2003年对陕西、宁夏和四川地区调查数据的实证分析，他们认为，农户是否采纳新技术是一个新旧技术生产效果的比较过程，只要生产者认为采用新技术的预期净收益大于现有技术的净收益，那么他就可以选择新技术。而农业踏板理论认为，在利润的驱使下，率先采用新技术的农户会诱致后来的农户采纳新技术，结果使供给曲线向右移动从而消除了新技术带来的超额利润现象，称为"农业踏板"。之所以称为"踏板"，是因为在市场竞争中，农户只有不断地采用新技术，才能实现利润的最大化。①

二、农户有机生产技术采纳研究

国际学术界针对有机生产技术进行的研究相对来说比较成熟，比如，Ika Darnhofer et al. （2005）采用决策树模型（Decision – tree Model）对有机农户为什么选择有机生产方式进行研究。这种模型的关键在于发现农户采纳有机生产方式的真实动机。这种研究方式在建立标准的时候，必须结合已有研究考虑农户的日常行为。相比一般研究方式，决策树模型给学者更大的选择范围，在系统分析农户的偏好、价值观念时比较有效，能够揭示农户决策背后的逻辑（Franzel, 1984; Murray Prior and Wright, 1994），并减少系统偏差（Mcgregor et al., 2001）。

Margarita Genius et al. （2006）运用有序的 Probit 的方法，研究了信息对农户有机生产方式采纳行为的影响。研究结果表明，信息的获取和有机土地转换的面积之间存在正相关的关系，不同农场获取信息资源的不同导致农户采纳行为的不同结果。另外，对新技术的信息获取不完全可能会导致农户采纳风险。

Timothy A. Park and Luanne Lohr （1996）在对 Young 有机零售市场供求系统模型进行修正的基础上对有机均衡市场的价格进行分析，研究认为，从长期来看，需求决定供给，减少零售成本、增加有机食品大于非有机食品的边际效益，提高消费者收入不仅能够提高农户价格，而且能够提高产出；而增加非有机农户的价格会减少有机食品的均衡数量。

Alfons Oude Lansink; Kyosti Pietola; Stefan Backman （2002）运用 1994 – 1997 年芬兰农户的数据，从传统农业生产与有机生产效率比较分析的角度对农户的采纳行为进行分析，研究表明，采纳有机生产方式的农户使用自己的传统生产技术更加有效，但是并不会比非有机生产者少使用生产技术。

---

① 张晓山，《农民增收问题的理论探索和实证分析》，北京：经济管理出版社，2007年，第10页。

KS Pietola；AO Lansink（2001）建立 Probit 模型，运用最大似然估计的非参数检验对农户不确定性收入的最大效用进行估计，结果表明降低产出价格，增加对农户的直接补助有助于农户有机生产方式的转换，而且拥有较大土地面积同时产出低的农户更容易发生转换，劳动密集型的生产减少了有机农户的转换。

Raynolds, L. T.（2003）认为，由于有机生产属于劳动力密集型生产，因此主要是小规模农户从事有机农业的生产并出口，而影响生产者采纳的有机认证成为拉丁美洲小规模生产者进行有机贸易的主要阻碍。

Luanne Lohr and Timothy A. Park（2003）对美国有机生产者的实证研究表明，有机生产者普遍对有机生产相关的服务不满意，通过有序的 Probit 模型分析，他们发现，有闲暇时间、收入较高的生产者经常使用较高效率的私人信息资源，这种生产者更有可能采纳有机生产方式，将常规农场转换为有机农场。

Klonsky and Tourte（2004）通过对有机农业和常规农业的比较，讨论了有机生产方式是如何被广泛采纳的（不仅表现在地理范围，同时表现为商品领域）。研究认为，长期的生产方式革新和生物技术的融入是有机生产采纳的重要前提，土壤和虫害管理是有机生产与传统生产方式的重要区别。通过对加利福尼亚农户时间序列的分析他们发现，农场规模较大的农户更倾向于认证，小型生产者常常不进行认证。

Wernich 和 lockerezt（1977）研究了有机生产者的技术选择行为，他们的研究发现，传统农业生产中存在人畜健康、土壤侵蚀、成本高、农用化肥投入效果低等问题，这是促使农业生产者转向有机生产的主要原因，有机农产品的生产者仍是传统农业生产者，利润是他们生产经营的主要目标。

但是，Oelhaf（1978）认为，非经济的因素促使农业生产者采用有机农业生产方式，通过典型地区的案例分析他发现，经济因素是技术采用行为的次要因素，意识和宗教等非经济因素决定了这些人采纳有机农业生产方式。也有不少学者认为，农场主采纳有机生产方式主要是考虑到环境保护和农民福利的需要。而 Diebel 等（1993）则发现，尽管有机农业生产方式的利润较高，但是某些经济因素也能阻碍可持续农业技术（低投入农业生产方式）的采纳，成本、有机肥料的来源、对劳动力需求和低产出都可能成为农户采纳有机生产方式的主要障碍。[①]

Poppe（1999）的研究发现，对于一般生产者而言，户主的风险态度、对生产的控制能力和对市场的态度是解释农户采纳有机生产方式的显著性变量。

随着政府对食品安全问题的重视和消费者食品安全意识的提高，国内学者对农户安全生产供给的研究有所增加，比如，周洁红（2005）运用 TPB（计划行为理论）对农户安全生产行为进行研究，认为农户对质量安全行为的态度、行为目标、农户的认知行为控制以及农户的安全生产行为之间会相互影响。申雅静（2003）对安徽省岳西县主簿镇余畈村有机猕猴桃生产的实证研究发现，在经济理性的假设

---

① 转引自刘湘萍，《可持续农业技术采用行为分析》，中国人民大学硕士论文，2001年。

下,影响农户决策过程的主要因素有:外来干预、农户自身的因素、社区内部的因素和有机农业本身的因素;面对有机农业这种全新的生产方式和理念,从总体上看,农户采纳有机食品生产方式的决策过程,是一个从了解到实践,从实践到价值评断,再从价值判断到实践的反复过程。在这个过程中,社区中的农户之间是互动的、相互影响的,最主要的影响是极少部分人的示范作用,他们的示范作用对其他农户的决策有直接的影响。

三、研究方法与变量选择研究

在有关农户生产决策影响因素的研究方法上,研究者一般采用 Logit 或者 Probit 方法检验究竟哪些变量和农户的采纳行为相关(Feder et al, 1985)。Duncan et al. (2007) 对于近 10 年来农户采纳传统生产方式的影响因素进行了梳理,具体如表 4-1 所示,其对农户有机生产方式的采纳行为亦有借鉴作用。

表 4-1 农户采纳传统生产方式的研究方法

作 者	样本量	研究方法	显著性检验
Okoye (1998)	125	OLS	$R^2 = 0.125$
Clay et al. (1998)	1240	Random effects GLS	$R^2 = 0.35$
Westra and Olson (1997)	585	Logit	$LR = 234.9$
Rahm and Huffman (1984)	869	Probit	$X^2 = 166.8$
Nowak (1987)	89	Stepwise regression	$Adj.^R 2 = 0.33$
Agbamu (1995)	160	OLS	$R^2 = 0.82$
Shortle	48	Linear Probability model	$R^2 = 0.11$
Gould et al. (1989)	—	Probit	$X^2 = 31.9$
Marra and Ssali (1990)	43	Probit and OLS	OLS $R^2 = 0.18$
Warriner and Moul (1992)	314	Logit	$X^2 = 122.52$
De Harrera and Sain (1999)	52-60	Multinomial logit	Correct prediction = 65%
Uri (1997)	825	Cragg model	
Soule et al. (2000)	941	Logit	Correct prediction = 68.5%
Traoré et al. (1998)	82	Probit	Correct prediction = 66%
Swinton (2000)	178	Random effects GLS	$X^2 = 314.1$
Neill and Lee (1999)	370	Probit	$LR = 67.03$

续表

作 者	样本量	研究方法	显著性检验
Saltiel et al. (1994)	437	OLS	$R^2 = 0.435$
Napier and Camboni (1993)	1305	OLS	Adj. $R^2 = 0.07$
Fuglie (1999)	1425	Multinomial logit	Correct prediction = 9.74%
Somda	116	Logit	Correct prediction = 93.6%
Pautsch	1343	Logit	Correct prediction = 67%
Smit	221	Non-parametric chi-square test	
Carlson	246	Multiple classification analysis	$R^2 = 0.24$

资料来源：Duncan et al., 2007。

第二节　理论模型构建与假设

依据经验研究，本书认为，农户是否采纳有机生产方式主要是出于对有机生产方式与传统生产方式比较效益的考虑，即假设第 i 个农户的效益为 $EU_{ij} = u_{ij} + \varepsilon_{ij}$，$u_{ij}$ 表示农户效益的非随机函数，ε_{ij} 表示服从极值分布的随机变量；当 $EU_N > EU_T$ 时，农户可能采纳有机的生产方式，其中，EU_N 表示采纳有机生产方式的效用，EU_T 表示采纳传统生产方式的效用，$EU^* = EU_N - EU_T > 0$，因此，农户在两种生产方式之间的选择可以视为在两种不同效益之间的选择，根据已有研究，可以运用二元选择模型对农户的不同生产方式选择行为进行解释。

假设 $y_i = 1$，如果农户选择有机的生产方式，否则，$y_i = 0$；

根据 Amemiya (1981)，农户选择有机生产方式的概率为：$P(y_i = 1 | x) = P(u_{i1} > u_{i0}) = P(u_{i1} - u_{i0} > \varepsilon_{i0} - \varepsilon_{i1})$

$= \Lambda[u_{i1} - u_{i0}]$

$P(y_i = 1) = \Lambda[u_{i1} - u_{i0}] = \Lambda(\beta'x)$

Λ 表示 $\varepsilon_{i0} - \varepsilon_{i1} = \delta_i$ 的分布方程，β 为估计值的向量参数，x 为解释变量。

由于运用最大似然参数法能够较好解决方程 Λ 的 Logit 或者是标准正态分布的不确定性问题，因此，可以运用 Logit 或者是 Probit 模型对于农户是否采纳有机生产方式的二元分布问题进行研究。

根据文献研究，农户是否采纳有机生产方式主要是受到包括外部环境、有机生产基地及家庭内在因素、有机农业生产技术等综合因素的影响。假设 $EU_N = F(FC, T_C, FW_C, FA_C,)$，其中，$FC$ 表示有机生产基地的外部环境，T_C 表示有机生产技术的特点，FW_C 表示农户对未来收入的预期，FA_C 表示农户家庭内在因素的特点，具体分析如图 4-1 所示：

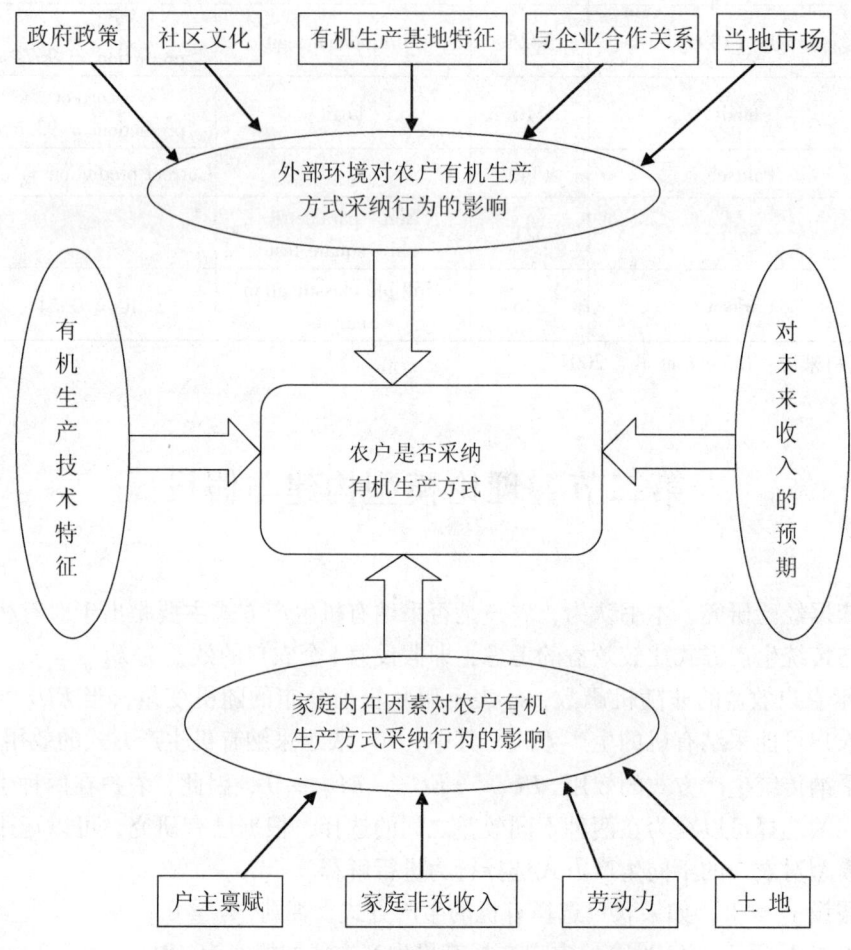

图 4-1 农户有机生产方式采纳影响因素概念模型

一、外部环境因素

外部环境对农户采纳行为会产生较大的影响，正如 Olmstead's (1970) 所言，"没有农户可能完全独立存在"，对于采纳的外生性变量选择，研究者主要是从采纳过程中的政府政策（OECD, 1989; Robinson, 1989; Gardner, 1990 et al.）、信息获取（Harrera and Sain, 1999; Nowak, 1987; Rahm and Huffman, 1984）、生产组织

(Smit and Smithers，1992；Swinton，2000）等角度进行分析。本书所指的外部环境因素包括当地政府是否支持有机农业的发展、社区文化、有机生产基地特征、农户与龙头企业的合作关系以及有机市场的发育程度。

（一）政府政策

国际经验表明，有机农业的发展与各国对有机农业的支持是分不开的。有机农业进入我国的时间还比较短，有不少农户甚至消费者并不能确切地将有机农业与无公害农业、绿色农业清楚地区分开，在他们的观念中，有可能没有听说过有机农业，或者简单地误认为有机农业就是不施用农药和化肥，是传统农业生产方式的简单回归。有机农业虽然完全实行市场化运作，但是农户是否采纳有机的生产方式与各级政府对有机农业的支持密切相关。经验研究亦表明，政府如果能够在新技术采纳方面提供一定的支持，有助于农户的技术采纳。本书假设，政府支持对农户有机生产方式采纳行为具有正向影响作用。但是，这方面的研究已经比较多，本书并不打算将其作为研究重点，同时由于选取了普遍将有机蔬菜种植作为农业产业结构调整主要措施进行推广的典型地区进行研究，因此，本书并没有将政府支持作为关键变量纳入模型进行分析。

（二）社区文化

中国社会本来就是一个熟人社会，在社区内部，农户很容易就能够观察到其他农户的生产选择行为以及由此所产生的盈亏，农户节约成本的最好方式是向其他人模仿学习。比如，Andrew D. Foster and Mark R. Rosenzweig（1995）运用农户层次的混合面板数据，建立修正的投入产出模型（Target‐input Model），对 20 世纪 70 年代绿色革命发生后，农户采纳高产种子的行为进行研究，研究发现，农户学习新技术的过程遵循 S 曲线的规律，干中学（learn by doing）效应在其中发挥了重要的作用。因此，一般情况下，拥有富有的邻居比穷邻居对农户采纳新技术有更大的带动作用，并能使农户更多受益。

在肥城，农户采纳有机生产方式并不是在同一时间发生的，而是有先有后。不少农户是在看到邻居采纳有机生产方式获利后才采纳这种高级的新生产方式的。以夏张镇新河西村农户的采纳行为为例，该村现有 196 户，803 人，劳动力数量约为 300 - 400 人，总耕地面积 890 亩，其中 600 亩采纳有机生产方式。该村从 1998 年开始发展有机农业，当时只有 150 户农户采纳有机生产方式，1999 年增加到 187 户。

本书假设，邻居采纳了有机生产方式的农户采纳有机生产方式的可能性大，但是由于涉及有机生产基地的建设，在政策影响下，同一地区农户在相近时间采纳有机生产方式的居多，简单地运用二元 Logit 对其影响进行分析可能会产生系统偏差，因此，本书没有对邻居变量进行考虑。

（三）有机生产基地特征

有机生产基地实行特殊的生产管理，对资本、技术和知识有特殊的要求，不同规模的生产基地所需的资本投入与管理模式也是不同的。本书的生产基地特征主要是指基地是否成立合作社以及基地管理的特征。合作社作为农业产业化改革制度变革的重要成果，其成立有效地提高了农户与企业谈判以及获取市场信息的能力，减少了小农户的经营风险，并较好地提高了企业监管的能力，发挥了联系农户与龙头企业的重要作用。

本书假设：是否参与专业合作社是影响农户采纳有机生产方式的重要变量。

另外，基地的自然地理环境对于小农户是否采纳有机生产方式影响显著。当前，有机农业生产采纳主要有露天经营和设施经营两种，这两种差距主要体现在南北地区差异，即南方和北方气候比较好的地区的小农户主要是采纳露天经营的方式，而北方大部分地区主要是采纳设施农业方式。但是，设施农业的投入成本比较高，不是小农户独自经营所能够承受的。另外，基地环境不同还会导致农业灌溉用水、肥料、运输等成本的不同。

基地管理对小农户的有机生产方式采纳行为影响显著，一是体现在有机生产技术服务的可获得性。有机生产技术要求严格，如果没有专业人士的指点，小农户很难独立完成，基地服务体系的建设能够使小农户有更多的信心从事有机农业的生产；二是质量安全的规范管理。基地有机产品质量管理规范，能够激励农户产生较好的预期，并有助于农户长期利益的实现，因此，对农户采纳行为有正向作用。考虑到基地管理与农户的未来收入的预期之间可能会存在多重共线性，因此，本书没有选取这个变量进行研究。

（四）农户与龙头企业的合作关系

有机蔬菜对生产、销售、市场等方面都有比较高的要求，这增加了小农户从事有机蔬菜生产的经营风险。而与涉农企业保持比较好的合作关系，农户能够从中获取一定的好处，比如，能够获取免费的技术培训和生产物资的早期投入等等。

根据前人的研究经验，本书用是否与龙头企业签订订单作为协作式供应链中农户与涉农企业之间的合作关系紧密程度的判断依据。

本书假设：农户订单参与对其有机生产方式采纳行为影响显著。

（五）有机农产品市场

市场对农户有机生产方式采纳行为影响是显著的，也是多元的，是市场价格、市场发育程度、市场销售渠道、消费者认同与支付意愿等的综合体系。比如 De Buck et al.（2001）认为，市场是影响决策者采取可持续性行为的社会经济条件，而 E. Baecke and G. Rogiers（2002）对比利时农户有机生产方式采纳行为的研究发现,由于有机市场体系的有效性低,当地不少有机农户将有机产品作为普通农产品销售,普通农户没有转换为有机农业的主要原因不仅在于对获取有机产品溢出价格的长期预期,而且在于将有机农产品作为家庭主要的收入来源具有较大不确定性,因此不进行转换。

另外,有机市场的发育程度直接决定农户生产出来的有机产品销售的便利程度,较少的销售渠道将导致农户对龙头企业的依赖性增强,并对有机农产品的价格产生重要的影响,从而间接影响农户的收益。为了反映市场对农户采纳行为的影响,有的学者采用市场专业化程度变量(某种农产品销售收入占家庭总收入的比重)进行分析。但是,由于考虑到有机产品市场专业化程度只能反映种植有机蔬菜农户的信息,而无法获取所有样本的信息,因此,本书没有选取这个变量。

二、有机农业生产技术因素

有机生产不能施用农药和化肥,要求通过微生物的自然物理的方法,形成生态循环体系。有的学者提出,健康的土壤才能生产出健康的有机产品。对有机农业生产过程中的病虫害问题,有机农业主要是采用物理的方法,比如人工捕抓,黄板诱杀,频振式杀虫灯等,或者是树立天然的屏障阻挡病虫害的侵入等等。因此,实际上有机农业对生产技术要求严格,属于高科技性农业生产。技术是否能够轻易获取可能会影响农户的实际采纳行为。

由图4-2、表4-2可以看出,2002年与2001年、2000年相比,中国有机农业面积、总产量都有大幅度增长,其中,2002年的总面积是244604公顷,是2000年的3.3倍,2001年的1.1倍;2002年总产量是159849吨,是2000年的1.3倍,但比2001年有大幅度下降,仅为其80%,这说明,2002年符合标准的有机农产品的产量有所下降。分析其中的原因,可能是由于一些农户不能真正理解有机农业的概念,不能严格按照有机规则进行操作所致。[1]

表4-2 1999-2002年ECOCERT认证有机产品总量

单位:吨

年份	有机	转换期	总产量
1999	55844	17183	73027
2000	95643	26723	122366
2001	162543	37039	199582
2002	149408	10441	159849

资料来源:ECOCERT。

---

[1] 吴文良,《有机农业概论》,北京:中国农业出版社,2004年,第20-21页。

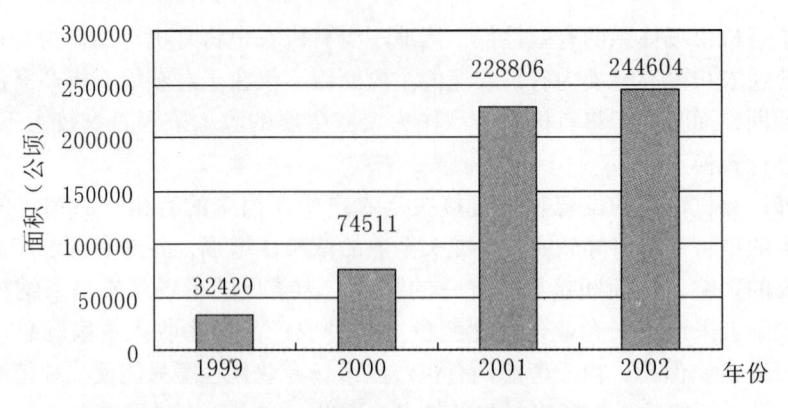

图 4-2　1999-2002年有机认证面积
资料来源：ECOCERT。

为了满足有机农业的要求，提高有机蔬菜的产品质量，有机蔬菜生产对环境、生产基地、施肥技术、病虫害防治、采摘及加工等环节都有特殊要求，主要包括[①]：

（一）环境要求

生产环境必须满足三个条件：必须保证生产地块的土壤未受重金属污染；用于生产的灌溉条件应达到农田灌溉水的相应标准；有机蔬菜生产区及其周围的空气和水体不受污染。具体来说，有机蔬菜生产基地的土壤环境质量应符合国家标准GB15618-1995的二级标准，空气质量达到国家标准 GB3095-1996 二级标准和GB9137 的相关指标。

（二）生产基地

应建立与蔬菜生产基地一体化的生态调控系统，增加天敌等自然因子对病虫害的控制和预防作用，降低病虫害的危害，减少生产投入。具体来说，每个基地，尤其是有机蔬菜生产基地与普通蔬菜生产基地之间应该设置至少 8 米以上的缓冲带；另外，气候较为寒冷或多风的有机蔬菜生产地区应因地制宜地设置风障。

（三）施肥技术

有机蔬菜生产需要大量的有机肥料，以培养土壤优良的物理、化学性状，从而有利于蔬菜根系的生长以及微生物的繁殖。肥料一般分为追肥和基肥，生产中不能使用转基因风险大的黄豆饼和非新疆产区的棉籽饼。

[①] 参见科学技术部中国农村技术开发中心，《有机农业在中国》，北京：中国农业科学技术出版社，2006 年，第 76-127 页。

（四）病虫害防治

病虫害防治是有机蔬菜生产的关键环节。尤其有机蔬菜生产周期短，复种指数高，生产品种多，因此，生物天敌不容易建立，应以作物为中心，进行健体栽培，提高蔬菜自身抗性；以农业措施为基础，通过土壤改良，利用茬口安排、品种搭配以及设施栽培技术，调控菜田小环境，切断病虫害的传播途径，恶化其生存环境，并综合利用生物、物理措施，必要时辅以药剂防治，压低害虫虫口密度，保护天敌种群数量，最终建立一个健康的菜田生态系统，以达到经济合理、生态持续、社会和谐的三赢效果。

（五）采摘及加工环节

严格的采收过程是保持有机蔬菜生产完整性的重要环节，而这个环节也常常被生产者忽视。采收过程应使用专门的采收工具、容器并有固定存放地点，不得与常规生产工具混用、混放，使用前应该用清水认真清洗，并保留清洗记录，以确保产品不受常规生产的污染。另外，为了与企业订单相衔接，企业一般分批有计划地采摘。即使同一品种，也可能不在同一时间采收。另外，有机蔬菜的储藏、运输和销售环节都必须严格遵守国家标准 GB/T19630 的相关要求，以保证有机蔬菜生产的完整性。

由此可见，与一般的蔬菜生产相比较，有机蔬菜种植对环境质量、生产物资投入、人员素质、管理水平都有较高的要求。农户要采纳有机生产技术，必须确保配套的技术获取方式是简单可行的，否则，很有可能会提高经营风险，本书以农户是否获取专业培训作为研究指标。

本书假设：是否获取专业培训对农户采纳行为影响显著。

三、对未来收入的预期

对未来收入的预期是一个内生变量。贝克尔（1995）认为，农户的经济行为主要受利益最大化的影响。作为理性的经济人，农户是否采纳有机生产方式也是以收入最大化为导向的。收入在发展中国家的农户生产决策中尤其起到了决定性的作用，只有当农户预期种植有机农产品的价格高于普通农产品的价格，并且收入来源稳定，由此所带来的收益减去所需投入的成本大于零的时候，农户才会采纳有机生产方式。如果预期从事的生产是劳而无获的，农户宁可偷懒或者是休闲，唯此才能合理地减少损失（石磊，1999）。周洁红（2005）亦认为，农户安全生产方式的选择是在既定的市场环境和生产技术约束下，为了实现期望效用的最大化，是农业生产者收入的严格递增函数。

本书假设：农户对未来收入的预期对其采纳行为影响显著。

四、家庭内在因素

自从 Ryan and Gross (1943) 的研究表明,农业新技术的采纳主要是在农户之间传播的,研究者开始关注农户和其家庭特征。家庭资源禀赋作为内生性变量,对农户是否采纳有机生产方式起到了关键性的作用。农户家庭资源禀赋包括户主的资源禀赋(人口统计学特征、是否有非农工作经验以及风险偏好)、家庭收入、土地与劳动力生产要素。

(一) 户主年龄

一般研究均认为,农户的年龄是影响农户采纳行为的关键变量,但研究结果是不同的,有的认为是正相关 (Warriner and Moul, 1992; Okoye, 1998),有的认为是负相关 (Gould et al., 1989; Clay et al., 1998),也有的认为没有关系 (Marra and Ssali, 1990; Neill and Lee, 1999)。

本书假设:户主年龄和有机生产技术的采纳成反比例关系,即年龄越大,由于风险因素等的考虑越倾向于采纳传统生产技术。

(二) 户主受教育程度

农户教育水平一般对农户采纳行为影响显著 (Shortle and Miranowski, 1986; Warriner and Moul, 1992);然而,也有的研究表明,户主受教育程度对其采纳行为影响不显著 (Clay et al., 1998),甚至起到负面的作用 (Gould et al., 1989; Okoye, 1998)。

本书假设:户主受教育程度对其有机生产方式采纳具有正效应,受教育程度越高,接受新生事物的能力越强,对有机农业在中国的发展越是看好,更有可能采纳有机生产方式。

(三) 户主非农工作经历

学者们常常引用非农经历来对农户采纳行为进行描述,研究结果也是不同的,有的认为显著 (Napier and Camboni, 1993),有的认为负相关 (Okoye, 1998; Swinton, 2000),有的认为不显著 (Nowak, 1987; Smit and Smithers, 1992)。

针对有机农业生产的特点,本书设计了曾担任村干部、外出打工、在外工作、部队退伍等非农工作经历等对农户有机生产方式采纳产生明显影响的指标。

本书假设:有上述特殊经历的农户采纳有机生产方式的可能性大,反之则小。

(四) 户主风险态度

一般而言,户主风险偏好对农户新技术采纳行为可能会产生正向作用 (Warriner and Moul, 1992; Carlson et al., 1994) 并且显著相关 (Saltiel et al., 1994; Okoye, 1998)。但是，本书考虑到户主的风险偏好可能与年龄、受教育程度、家庭收入之间存在多重共线性的问题，在此并未将其列为分析变量进行考察。

（五）家庭劳动力数量

孔祥智等（2005）对陕西省苹果变迁影响因素的分析表明，农户的劳动力人口比例对农户选择品种技术没有明显的影响作用。考虑到有机蔬菜生产对劳动力的需求较高，本书还是引入劳动力数量变量。

本书假设：家庭可支配劳动力数量与农户是否采纳有机生产方式呈正相关关系。

（六）家庭经营土地规模

不少学者的研究均表明，农户的种植规模与新技术选择行为呈正相关的关系（Shortle and Miranowaki, 2001; Atanu Saha, 1994）。林毅夫（1986）亦认为，农户生产经营规模的大小是影响农户采用免耕技术的主要影响因素。但是，也有的学者认为，农户家庭经营耕地的规模对农户采纳行为的影响是负相关的（Shortle and Miranowski, 1986; Clay et al., 1998）或者是不相关的（Nowak, 1987; Agbamu, 1995）。

本书假设：农户是否采纳有机生产技术与其家庭经营耕地规模正相关。

（七）家庭非农收入

有机农业，尤其是有机蔬菜产业属于劳动密集型产业，有能力的农户一般不愿意把时间花在种田上。因此，有非农收入来源的农户倾向于外出打工，而不愿意从事有机种植，本研究以农户家庭非农收入作为衡量经济状况的主要指标。

本书假设：农户家庭非农收入越高，农户采纳有机生产方式的可能性越低。

（八）土地

有机生产对土地集约化经营要求比较严格。在肥城有机蔬菜协作式供应链中，有的村集体为了发展有机蔬菜，动员农户以土地为资本参加股份合作社，参加者享有年底分红或者是在基地打工的优先权。因此，是否有合适的土地是农户能否参与到蔬菜协作式供应链中的主要影响因素，但是考虑到土地与参与有机蔬菜合作社之间可能会存在多重共线性，本书没有选取该变量。

第三节 实证分析

一、数据来源

本书所用数据来自中国人民大学农业与农村发展学院对山东省泰安地区肥城市农户的实地调查。本次调查涉及农户户主的基本情况、家庭耕地、规模与劳动力基本情况、收入支出与分配的基本情况、参与产业组织状况以及家庭土地入股方面的信息。

肥城市是传统的农业县,农户一直有种植蔬菜的传统。从1994年开始进行土地的有机转换,经过10余年的发展,有机蔬菜产业在该地已经形成产业的集聚(详见表4-3、表4-4、图4-3)。

由以下图表可以看出,肥城市农户采纳有机生产方式的时间比较早,相关指标高于其他地区的同类指标。2006年,户均有机蔬菜种植面积已达到2.5亩,种植农户数量达到68000人。有机蔬菜种植面积占农作物的比例为27.1%,并呈现出逐年上升的趋势。1993年,肥城市还没有开始发展有机蔬菜,但是到2003年,已经发展到7.6万亩,到2006年为13.8万亩,增长速度超过47%。

表4-3 2006年底调研各镇社会经济情况

镇	自然村	总人口	农业人口（万人）	农户	耕地面积（万亩）	人均纯收入（元）
孙伯镇	17	3	2.6	7898	5	4986
边院镇	80	7.9	7.3	22006	9.8	4520
汶阳镇	53	7.4	7.1	21648	7.2	5488
安驾庄镇	71	8	7.4	22476	10.9	4682
王庄镇	53	5.3	4.8	14490	7.9	5236

资料来源:根据《肥城市2006年统计年鉴》整理所得。

表4-4 肥城市1993-2006年有机蔬菜的认证面积

单位：万亩

时间	有机蔬菜认证面积	蔬菜种植面积	农作物面积	有机蔬菜面积占农作物比
1993年	0	13.9	154.9	0
1997年	0.03	18.9	149.5	0.16
2000年	2.58	32.4	153.87	7.9
2002年	5.9	36.8	153.01	16
2003年	7.6	41	151.62	18
2004年	9.5	45.4	160.72	20.9
2005年	11.7	47.3	175.35	24.7
2006年	13.8	50.9	180.49	27.1

资料来源：泰安市农业局。

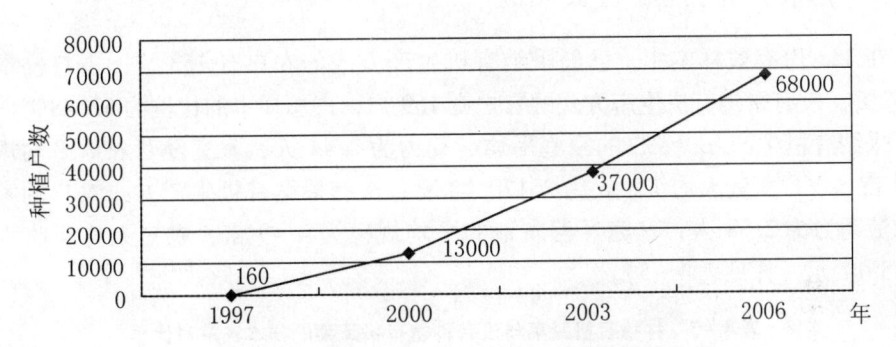

图4-3 肥城市1997-2006年有机蔬菜种植户数
资料来源：笔者根据泰安市农业局数据整理所得。

由此可见，经过近10年的发展，该市农户对于有机农业认识相对其他地区农户更加深刻和全面。因此，选择该地区农户具有一定的代表性。另外，在样本选择上，如果农户仅仅只是作为雇佣关系在有机蔬菜基地干活，我们将他们视为有种植有机蔬菜普通农户。

本次调查不足的是，调查中没有遇到处于有机生产转换期的农户。这可能是因为早期采纳有机生产方式的农户已经过转换期，而当前，随着有机蔬菜产业化生产方式的转变，农户只需按要求进行标准化生产就可以，对于是否处于转换期并不关心，关键信息主要是由有机蔬菜合作社或者是种植大户掌控，而我们的调查主要以小农户为主。

本研究的数据收集和分析分为三个阶段进行，时间总跨度为从2007年8月到

2008年2月。

第一，2007年8月，在以往文献收集整理的基础上，设计问卷，并开展了为期一周的预调查，调查了肥城市的4-5个镇，对问卷的有效性进行检验。调查对象涵盖农户个人、龙头企业、地方政府和其他关键信息，以增强感性认识。

第二，采取随机方式，根据受访者的年龄、性别、家庭规模、采纳有机生产方式的时间以及与龙头企业签订订单的时间长短，对55个小规模农户进行深入访谈。

第三，开展正式的问卷调查。两次调查共获取样本350份，其中有效样本322份，样本主要分布在5个镇。为了保证调研数据的无偏性，进行问卷调查之前首先告诉农户调查只是基于学术研究的需要，最后有效样本中包括127位男性（39.4%）和195位女性（60.6%），农户家庭规模的平均数是3.84人。

二、样本农户基本特征的描述性分析

（一）农户有机生产方式采纳

在322份有效样本中，已经采纳有机生产方式的农户有153户，占总样本的47.52%；没有采纳有机生产方式的农户有169户，占总样本的比例为52.48%。

采纳有机生产方式农户的家庭平均劳动力为2.44人，家庭经营农地平均规模8.22亩，农户家庭人均年收入为25170.03元；没有采纳有机生产方式农户的家庭平均劳动力为2.88人，家庭经营农地的平均规模为4.49亩，农户人均年收入为23415.14元（详见表4-5）。

表4-5 种植有机蔬菜与没有种植有机蔬菜的样本农户对比

	种植有机蔬菜	没有种植有机蔬菜
户数	153	169
家庭平均劳动力（人）	2.44	2.88
经营农地平均规模（公顷）	8.22	4.49
农户平均家庭年收入（元）	25170.03	23415.14

（二）采纳户有机蔬菜种植时间

样本农户有机蔬菜种植的时间为4.88年，标准差为5.142，样本分布区间主要在0-14，其中没有种植的占总样本的比例为38.8%，种植时间为10年的占10.2%，种植时间为13年的占10.6%，这与实际调查的情况相符，有不少农户从1994年就开始种植有机蔬菜。

（三）户主受教育程度

样本农户平均教育水平为初中文化程度，占总样本比例为60.9%；文盲有27户，占总样本比例为8.4%；小学文化的有48户，占总样本的14.9%；高中文化的有48户，占14.9%；中专及以上文化程度的有4户，占总样本的1.2%，这4户农户全部采纳了有机生产方式。

表4-6　户主受教育程度　　　　　　　　　　　　　　单位：户

户主受教育程度	文盲	小学	初中	高中	中专及以上	合计
采纳	7	23	87	32	4	153
未采纳	20	25	108	16	0	169
合计	27	48	196	48	4	322

数据来源：山东肥城实地调研（2007年12月-2008年2月），下同。

（四）户主年龄

户主年龄主要集中在41-50岁，共有143户农户处于这个年龄段，占总样本的比例为44.41%；其次年龄段为51-60岁，占总样本的24.84%。另外，31-40岁的占18.01%，60岁以上的占11.49%，18-30岁的占1.24%。从年龄的结构进行分析，采纳与没有采纳农户的年龄分布比较相似，没有较大差距，可能年龄并不是农户是否采纳有机生产方式的主要变量。

表4-7　户主年龄　　　　　　　　　　　　　　　　　单位：户

户主年龄	18-30	31-40	41-50	51-60	60以上	合计
采纳	1	34	59	40	19	153
未采纳	3	24	84	40	18	169
合计	4	58	143	80	37	322

（五）户主非农工作经历

样本农户中，户主曾经担任过村干部的占12.73%，有外出打工经历的占16.77%，有其他经历（比如在外工作、当过兵、在乡镇教书等）的占总样本的比例为4.66%，没有特殊经历的占65.84%，在样本中比例比较大，这部分农户相对保守，是否采纳有机生产方式可能更多受到村集体、邻居或者其他外在因素的影响。

表4-8　户主非农工作经历　　　　　　　　单位：户

样本农户经历	担任村干部	外出打工	其他	无特殊经历	合计
采纳	24	21	2	106	153
未采纳	17	33	13	106	169
合计	41	54	15	212	322

（六）家庭务农劳动力人数

样本农户家庭务农劳动力的均值为2.62人，标准差为0.976，样本分布区间为0-6，有1户家中没有劳动力，占总样本的比例为0.3%，家里平均有两个劳动力的占49.1%，3个劳动力的占25.5%，4个劳动力的占15.8%，1个劳动力的占5.9%，5个劳动力的占2.5%，6个劳动力的占0.9%，这说明典型地区家庭劳动力相对比较充裕，这可能和当地从事有机蔬菜种植需要较多的劳动力有关。

表4-9　家庭务农劳动力人数

家庭务农劳动力人数	0	1	2-4	5-6	合计
采纳（户）	1	10	139	3	153
未采纳（户）	0	9	152	8	169
合计	1	19	291	11	322

（七）农户家庭经营耕地规模

样本农户家庭经营耕地规模的均值为6.2625，其中采纳农户的均值为8.2216，最小值为0.48亩，最大值为187亩，这主要是因为样本中存在少数的大户，所以导致差距比较大；没有采纳有机生产方式农户的均值为4.4889亩，最小值为0.60亩，最大值为15亩。这在一定程度上表明了有机蔬菜种植对土地集约的要求。

表4-10　农户家庭经营耕地规模

家庭经营耕地规模	最小值	最大值	均值	标准差
采纳（户）	0.48	187	8.2216	18.95446
未采纳（户）	0.60	15	4.4889	2.20362

另外，借鉴Christopher Bacon（2004）对农户的分类，本书将农户有机蔬菜种植面积分为3.5亩以下（为微小型农户）、3.5-14亩（小规模农户）、14-35亩（中型规模农户）、35-70亩（大规模种植户）、70亩以上（种植业主）五类。如

表4-11所示，样本中没有种植有机蔬菜的农户为169户，占总样本的52.5%；有机蔬菜种植面积在3.5亩以下的为98户（不包括在基地打工的农户），占总样本的30.4%；大于等于3.5且小于14亩的为3户，占总样本的0.9%；其他类型的为6户，占总样本的1.9%。

这说明，在我们的调研地区，种植有机蔬菜的农户主要为小规模的农户，另外，大户种植在肥城市也具有一定的代表性，这与我们实际调查情况基本吻合。

表4-11 农户家庭有机蔬菜种植面积

	频数	比例	有效比例	累计概率
没有种植	169	52.5	52.5	52.5
<3.5亩	98	30.4	30.4	82.9
3.5-14（含3.5亩）	46	14.3	14.3	97.2
14-35（含14亩）	3	0.9	0.9	98.1
35-70（含35亩）	2	0.6	0.6	98.7
>70（含70亩）	4	1.3	1.3	100
合计	322	100	100	

（八）农户家庭年收入

在肥城市样本农户家庭中，男性大部分外出打工，女性留守家中。家庭收入来源主要包括土地租赁收入、外出打工收入、种植有机蔬菜收入以及种植粮食类作物收入。样本农户家庭收入平均值为24461.54元，标准差为45093.08元，家庭收入最高的为558300元，收入最低的为3360元。其中采纳有机生产方式农户的家庭年收入均值为25170.03元，没有采纳有机生产方式农户的家庭年收入均值为23415.14元。

185户家庭有成员外出打工，占总样本的比例为57%，外出打工收入的最大值为30万元，最小值为0元，均值为8146.40元，样本的标准差为18558.378元，主要原因是有的农户在外承包工程，所以年收入较高。如果剔除没有外出收入来源的农户，则外出打工收入的最大值为30万元，最小值为1000元，均值为14179.14元，标准差为22690.26元。只有80户农户有土地租赁收入，占总样本的比例为24.84%，土地租赁收入的最大值为4900元，最小值为0元，剔除没有土地租赁收入来源的农户样本，则土地租赁收入的最大值为4900元，最小值为100元，样本均值为1509.88元，标准差为1190.74元。

从样本农户家庭年收入的均值进行分析，采纳有机生产方式农户家庭年收入在3万元以上的比例高于常规农户，这在一定程度上可能说明，是否采纳有机生产方式对农户家庭收入影响比较大；从家庭非农收入的结构来看，采纳户没有非农收入来源的占38.56%，非农收入在5000（含5000）元以下的为38.56%，没有采纳有机生产方式的农户没有非农户收入的占30.77%，小于5000的占17.70%，采纳农户家庭非农收入在5000元以下的比例均高于没有采纳的农户，而5001元以上的低于没有采纳的农户，这表明非农收入有可能是影响农户采纳有机生产方式的因素之一。

表4-12 农户家庭年收入

农户家庭年收入（元）	<5000	5001-10000	10001-30000	30001-100000	100001以上
采纳户（%）	4.58	30.07	54.25	8.5	2.61
没有采纳户（%）	1.18	24.85	68.64	4.14	1.18
合计	2.80	24.22	59	6.21	1.86

表4-13 农户家庭非农收入

家庭非农收入（元）	0	<5000	5001-10000	10001-30000	30001以上
采纳户（%）	38.56	38.56	13.73	18.30	1.96
没有采纳户（%）	30.77	9.47	24.26	26.63	8.88
合计	34.47	17.70	19.25	22.67	5.59

表4-14 农户非农收入的描述性统计

	样本数量	最小值	最大值	均值	标准差
外出打工收入	322	0	300000	8146.40	18558.378
土地租赁收入	322	0	4900	375.1242	880.87652

（九）农户种植意愿

另外，为了反映农户对有机蔬菜的种植意愿，我们在问卷中设计了相关问题："假设您目前没有钱，您是否愿意种植有机蔬菜"，在实际调查中，由于调查地点属于典型地区，大部分农户对有机蔬菜都非常清楚。尽管如此，还是有少数农户对有机蔬菜的概念不清楚。对于这种情况，我们首先介绍了什么是有机蔬菜，并确保农户没有混淆有机蔬菜与无公害蔬菜。在此前提下，再次询问农户对种植有机蔬菜的意愿。结果表明，在本次调查的322个有效样本中，有22.3%的农户表示非常愿意种植有机蔬菜，30.4%的农户表示愿意种植，7.3%的农户表示考虑在有贷款的前提下愿意种植有机蔬菜，另外还有约40%的农户表示不好说。

表 4-15　样本农户种植意愿　　　　　　　　　　　　单位：户

农户种植意愿	非常愿意	愿意	考虑是否有贷款	不好说	合计
采纳	43	36	15	59	153
未采纳	41	63	4	61	169
合计	84	99	19	120	322

（十）农户对未来收入的预期

如表 4-16 所示，无论是采纳户还是非采纳户对未来收入都有比较好的预期，且两者的区别不大，这可能与我国当前支持农业发展的宏观环境相关，农户对未来收入都有比较好的预期。农户对未来收入的预期是否对其采纳行为有影响还有待进一步的分析。

表 4-16　农户对未来收入的预期　　　　　　　　　　　　　　%

农户对未来收入的预期	预期乐观	预期不乐观
采纳	62.7	37.3
未采纳户	63.9	36.1

（十一）农户土地入股

如表 4-17 所示，样本农户中以土地参加有机蔬菜合作社的有 120 户，占总样本的 37.3%，没有以土地入股参加合作社的有 202 户，占总样本的 62.7%。其中，已入股并采纳有机生产方式的有 71 户，占 46.4%；已入股但是没有采纳有机生产方式的有 49 户，占 29%；没有入股但是采纳有机生产方式的有 82 户，占 53.6%；没有入股也没有采纳有机生产方式的有 120 户，占 71%。

表 4-17　农户是否以家中土地入股参加有机蔬菜股份合作社　　　%

家中土地是否入股	是	否
所占比例	37.3	62.7
占已采纳农户比例	46.4	53.6
占未采纳农户比例	29	71%

（十二）是否获得过专业培训以及培训次数

样本农户中共有 168 户农户从来没有参加过专业培训，占总样本的比例为

52.2%，其中没有采纳有机生产方式的农户有139户，占从没有参加过培训农户的比例为82.74%；参加过专业培训的有154户，占总样本的比例为47.8%，其中采纳有机生产方式的有124户，占参加过专业培训人数的比例为80.52%。另外，从参加培训次数来看，采纳有机生产方式农户一年中一般有1—5次培训的机会，这有助于农户掌握新的生产技术（详见表4-18）。

表4-18 农户专业培训

农户专业培训	0	1—5	6—10	10次以上	合计
采纳（户）	29	80	20	24	153
未采纳（户）	139	22	6	2	169
合计	168	102	26	26	322

（十三）农户订单参与

在肥城市有机蔬菜协作式供应链中，农户主要是以订单①的方式与企业保持合作关系。如表4-19所示，从农户订单参与角度来看，样本农户中与龙头企业签订订单的有171户，占总样本的53.1%，没有签订订单的有151户，占总样本的46.9%。其中，已签订订单并采纳有机生产方式的有101户，占采纳农户的66%；没有签订订单但是采纳有机生产方式的有52户，占采纳农户的34%；已签订订单但是没有采纳有机生产方式的有70户，占没有采纳农户的41.4%；没有签订订单也没有采纳有机生产方式的有99户，占没有采纳农户的58.6%。

表4-19 农户与龙头企业签订订单情况   %

是否与龙头企业签订订单	是	否
所占比例	53.1	46.9
占已采纳农户比例	66	34
占未采纳农户比例	41.4	58.6

---

① 订单是一种协调价值链中不同参与主体之间生产、分配和零售安排的重要激励机制，也是供应链中农户与企业协作的重要载体。经验研究认为，按照是否为农户提供统一的农业生产资料，农业订单可以分为单纯的以购销为内容的销售合同和订单组织提供部分或全部生产、管理要素的生产合同。其中，根据企业对农户控制程度的不同，生产合同又分为生产管理合同和资源供给合同。在生产管理合同中，企业对农户的生产进行严格管理，农户必须按照企业的要求生产，但主要生产资料还是农户自己拥有；资源提供合同则是一种高度一体化的生产。在这类合同中，企业不仅参与生产管理，而且还提供主要生产资料，农户一般只提供土地和劳动力。

三、实证模型

分散的小规模农户可能采纳有机生产方式,也有可能不采纳有机生产方式,将农户是否采纳有机生产方式作为因变量,即 0-1 型因变量,采纳为 $y=1$,不采纳 $y=0$,设 $y=1$ 的概率为 p,则 y 的分布函数为 $f(y) = p^y(1-p)^{1-y}, y=0,1$

上述函数的期望值为 p,方差为 1-p,传统的回归模型因变量的取值范围在负无穷大到正无穷大,在此处不适用,本书采用二元选择模型 Logistic 模型,将因变量的取值限制在 (0, 1) 的范围内,Logistic 模型的一般形式为:

$$p_i = F(a + \sum_{j=1}^{m}\beta_j X_{ij}) = 1/(1 + \exp[-a + \sum_{j=1}^{m}\beta_j X_{ij}])$$

p_i 表示农户采纳有机生产方式的概率,m 表示影响这一概率因素的个数,X_{ij} 是自变量,表示第 j 种影响因素

则农户有机生产方式采纳模型构建如下:

$$Y_{adoption} = \beta_0 + \sum_{i=1}^{n}\beta_i X_i + \varepsilon_i \text{ 且 Prob }(y=1) = \frac{e^z}{1+e^z}$$

p_i 为发生事件的概率,$1-p_i$ 为不发生事件的概率,则 $\frac{p_i}{1-p_i} = e^z$,两边取自然对数,得到一个线性函数:

$$Ln(\frac{p_i}{1-p_i}) = Z_i = a + b_i$$

β_0 和 β_i 分别表示待估参数,ε_i 为服从极值分布的随机变量,X_i 表示影响农户采纳有机生产方式的影响因素。

根据上述分析,并综合考虑各变量之间可能存在的多重共线性以及研究的可执行情况,本书选取如下变量进行分析(详见表 4-20)。

表 4-20 自变量名称与定义

变量名称	变量定义	预期方向
X_1:户主年龄	为分类变量,每 10 年为 1 类	-
X_2:户主受教育程度	1=文盲,2=小学,3=初中,4=高中,5=中专,6=大专及以上	+
X_3:户主非农工作经历	1=有特殊非农工作经历,0=无特殊经历	+
X_4:家庭务农劳动力人数	16 周岁以上的从事农业劳动的家庭成员数量	+
X_5:是否雇佣劳动力	雇佣=1,没有雇佣=0	+
X_6:经营规模(亩)	按农户家庭实际经营耕地规模统计	+

续表

变量名称	变量定义	预期方向
X_7：距离（公里）	按到乡镇的实际距离计算	−
X_8：农户家庭非农收入	按家庭每年实际非农收入计算	+
X_9：种植意愿	1 = 非常愿意，2 = 愿意，3 = 考虑是否有贷款，4 = 不好说	−
X_{10}：对未来收入的预期	预期未来收入稳定 = 1，没有 = 0	+
X_{11}：是否获得过专业技术培训	获得过技术培训 = 1，没有 = 0	+
X_{12}：是否参加经济合作组织	参加 = 1，没有 = 0	+
X_{13}：是否签订生产订单	参加 = 1，没有 = 0	+

四、实证结果

本研究运用SPSS13.0统计软件对322个有效农户样本的横截面数据进行了二元Logistic（条件后退法）回归分析，并通过最大似然估计法对其回归参数进行估计，结果如表4 – 21所示：

表4 – 21 自变量名称与定义

	B	S. E.	Wald	Sig	Exp（B）	95.0% C. I. forEXP Lower	Upper
户主年龄	6.336	2.842	0.053	0.211	3.678	0.581	0.946
户主受教育程度	1.518	5.220	2.056	0.058	0.000	0.057	8.517
是否雇佣劳动力	1.236	0.457	7.298	0.007	3.440	1.404	8.432
家庭经营耕地规模	4.817	9.907	4.056	0.021	1.081	0.245	0.867
距离	− 3.388	2.429	2.167	0.169	0.013	0.148	15.771
种植意愿	− 2.704	1.232	4.817	0.068	2.908	0.923	9.156
是否获得专业培训	3.954	0.556	5.546	0.000	5.157	7.534	15.147
是否参加订单农业	0.745	0.513	2.108	0.047	2.107	0.770	5.760
常数项	4.112	0.319	1.245	0.087	0.459		

Variable（s）entered on step1：x_1，x_2，x_3，x_4，x_5，x_6，x_7，x_8，x_9，x_{10}，x_{11}，x_{12}，x_{13}

由此得到回归模型：

$$Y_{adoption} = 4.112 - 6.336X_1 + 1.518X_2 + 1.236X_5 + 4.817X_6$$
$$- 3.388X_7 - 2.704X_9 + 1.236X_{10} + 3.954X_{11} + 0.745X_{13}$$

对最终模型整体效果进行检验,如表4-22和表4-23所示,模型的卡方检验(Chi—square)统计显著,Hosmer-Lemeshow检验不显著,由此可知,最终模型的整体效果及模型内的变量效果理想。

表4-22 最终模型卡方检验 OMNIBUS TESTS OF MODEL COEFFICIENTS

		Chi - square	显著性水平
第10步	Step	11.508	0.021
	Block	194.706	0.000
	Model	194.706	0.000

表4-23 最终模型 HOSMER - LEMESHOW 检验

Step	Chi - square	显著性水平
第10步	13.306	0.102

根据模型计量结果,将影响农户采纳有机生产方式的主要影响因素、显著性归纳如下:

(一)户主个人特征变量

从变量的符号来看,"户主年龄(x_1)"与"受教育程度(x_2)"在模型中的符号都为正,且户主年龄的统计性不显著,而"受教育程度"统计性显著,这表明,户主年龄越大,采纳有机生产方式的可能性越大,这与我们当初的假设不一致,可能的解释是,户主年龄在有机生产方式采纳决策过程中并没有起到关键性的作用。而户主受教育程度对农户是否采纳有机的生产方式影响显著,这表明,受教育程度越高,农户接受新技术的能力越强,越有可能采纳新的生产方式,以获取利润。

另外,户主非农工作经历(x_3)没有能够进入最终模型,这表明,户主是否有外出打工的经历或者是否从事过其他非农的工作,并不是影响农户采纳有机生产方式的主要影响变量,这和我们前面的假设不一致,还有待于进一步的研究。

(二)农户家庭与有机生产基地特征变量

由模型的计量结果可知,"家庭劳动力数量(x_4)"对农户是否采纳有机生产方式的作用不明显,没有进入最终模型。可能的解释是,随着近年来城市化进程的加快,不少农户外出务农,留在家中的主要是家庭妇女,从事有机蔬菜生产使她们可以不用离开家庭，同时可以获取一定的收入来源，这是她们从事有机蔬菜生产的主要动机。

"是否雇佣劳动力"（x_5）符号为正，且统计性显著，Wald 值、Exp（B）值也比较高，这说明家里雇佣劳动力的农户，采纳有机生产方式的可能性比较高。可能的解释是有的农户主要是兼业从事有机蔬菜的生产，在农忙时节，不能满足生产对劳动力的需求，因此，存在雇佣劳动力的行为。

"农户家庭经营耕地规模（x_6）"在模型中检验显著，且正相关，Wald 值、Exp（B）值也比较高，其检验与前文的理论分析一致，可能的原因是耕地规模越大的农户，越容易完成有机生产基地的建设，从常规的生产方式转变为有机生产方式的可能性越大。

"农户家庭距离乡镇的远近（x_7）"在模型中系数符号为负，这意味着在其他条件不变的前提下，距离市场越远的农户采纳有机生产方式的可能性越大，这与有机农业对生产基地的环境空气、土壤和水的要求以及消费市场主要是国际市场和国内大型或者是超大型城市的特点有关。但是，显著性检验表明，农户距离乡镇的远近并不是影响农户采纳有机生产方式的主要原因。

"农户家庭非农收入（x_8）"没有进入最终模型，这和我们最初的假设是相悖离的，可能的原因是，种植有机蔬菜对农户家庭收入的影响有限，家庭年均纯收入高的农户主要是依赖非农就业收入。

"农户种植意愿（x_9）"在模型中的系数均为负，且在5%的水平上检验显著，Wald 值、Exp（B）值也比较高，这说明种植意愿是影响农户生产决策的重要影响变量，这与前文的分析结果一致。

"对未来收入的预期（x_{10}）"在模型中的系数为正数，这说明农户对未来收入的预期越高，采纳有机生产方式的可能性越大。

（三）外部环境特征变量

是否获得过专业技术培训（x_{11}）在模型中的系数为正，且在10%的水平上统计显著，并且 Wald 值、Exp（B）值较高，这意味着能否获得专业的生产技术对于农户是否采纳有机生产方式影响较大。

是否参加经济合作组织（x_{12}）没有进入模型，这与我们前面的分析不一致，还有待于进一步研究。

是否签订生产订单（x_{13}）在模型中的系数估计值为正，这意味着在其他条件不变的前提下，签订了生产订单的农户采纳有机生产方式的可能性大，该变量在模型中通过统计显著性检验，且 Wald 值、Exp（B）值也比较高，这和前文的分析相符。

第四节 本章小结

一、结 论

通过上述的经验分析和实证研究可知,在中国,农户是否采纳有机的生产方式有其特殊性,与国外生产者有较大的区别。国外农户一般意义上是指农场主,农户是否采纳有机生产方式,有的是为了保护环境、动物福利或者是农户自身对自然回归的向往,是一种理想生活方式的选择。而在国内,农户一般是指分散的小农户,他们自身抵御风险的能力比较弱,是否选择有机的生产方式主要是出于比较利益的考虑,只要采纳有机生产方式比传统生产方式更有利可图,他们就有可能采纳新的生产方式。

农户是否采纳有机生产方式主要受到外部环境、有机农业生产技术自然和商品属性、农户对未来收入的预期、农户家庭内在资源禀赋等综合因素的影响。其中,政府支持作为重要的外生变量对有机农业的产业化发展起到了关键的作用,为有机农业的产业化发展提供了包括基础设施、贸易展会、技术传播以及合作组织在内的准公共品,为小农户与大市场搭建起桥梁和纽带,尤其满足了农户从事有机种植生产对技术服务的特殊需要。

在其他众多的外生变量中,有机市场的完善程度对农户的采纳行为影响显著,一个健全的市场意味着市场价格达到了供需的均衡,市场销售渠道有助于有机产品的有效供给,农户生产出来的有机产品价值能够通过市场及时得到实现。而农民经济合作组织和大户在有机产业演进中,作为重要的制度变量,促进了农户有机生产方式的采纳。另外,邻居是否采纳有机生产方式并获利对农户的采纳行为产生诱致性影响。

从内生变量的角度进行分析,农户是否采纳有机生产方式的主要影响因素是户主的受教育程度、户主的种植意愿、农户对未来收入的预期、家庭经营土地的规模、劳动力雇佣、是否获得过专业技术培训以及农户与龙头企业的合作关系。

二、政策建议

针对上述问题,政府可以考虑以下几个方面的问题:

一是应该加强对有机农业的宣传,加大对农户进行有机生产技术和知识的培训,培育新农民,增强农户对有机农业的了解,使之有比较好的预期。在这样的条件下，农户采纳有机生产方式的驱动力会比较强，而生产者的采纳行为亦有助于有机蔬菜的供给。

二是完善有机新型农业科技服务体系的建设与推广。农户的科技行为是决定农业新技术能否转化为农业技术进步和农业生产效率的决定性因素。而有机生产技术与传统生产技术有比较大的差别，尤其是在农户种植过程中，病虫害防治的技术难题比较多，有机生产技术体系的完善，可使小农户比较容易地获取生产技术，采纳有机生产方式，因此，应加大推广力度。

三是帮助农户开拓市场，健全有机市场。目前，农户采纳有机生产方式以后，一个比较突出的问题是产品销售困难，这导致农户对龙头企业的依赖性比较强，降低了农户与企业谈判的能力。随着国内有机消费市场的不断扩大，帮助农户开拓国际国内市场，会增强农户采纳有机生产方式的动力。

第五章 协作式供应链中农户与企业契约稳定性的经济解释

第一节 订单中的合作关系

孟枫平（2004）认为，农户与企业之间的合作是农产品供应链（Agricultural Industry Chain，AIC）中的重要问题，问题的好坏不仅关系到公司的原料供应，而且关系到农户的经济收入，直接决定着农业产业化经营能否稳定地发展。兰萍（2006）认为，在我国农产品生产经营中，农户、企业等利益主体往往关注自己的利益，虽然有多种利益分配方式，如"保护价收购"、"利润分成"、"资金扶持"、"合作生产"等，但当农资价格上涨、农产品价格波动时，企业和农户容易出现投机行为，导致利益分配方式和合同执行的不稳定，使农产品供应链断裂，供应链效率低下，并导致企业面临被淘汰出局的危机。D. P. Christy 等学者指出，供应链的协调问题是供应链管理研究领域的重要组成部分，[①] 系统协调的主要目的是为了达到供应链的协同状态，使供应链从无序走向有序。而供应链的效率来源之一是借助供应链合作伙伴之间信息共享、组织之间的学习实现共同演进与强化合作伙伴的创新能力。

由此可见，合作伙伴的选择是供应链的核心问题之一。为了获得供应链的整体利益和效率，供应链中各利益主体必须形成长期稳定的战略伙伴关系，链内每一成员（即使是核心企业）都要认真考虑本链中其他成员的利益，并与他们协调合作，提高供应链的整体效益。

当前，订单违约造成的供应链不稳定问题在我国比较突出。但是，在肥城市有机蔬菜协作式供应链中，农户与企业之间的纵向协作关系相对稳定，企业和农户违约率都比较低，即使2006年，在有机菜花订单价格低于常规菜花市场价格的情况

---

① 转引自王能民等，《绿色供应链管理》，北京：清华大学出版社，2005年，第148-161页。

下，农户与企业的订单执行率依然比较高，在种植有机蔬菜的农户中，约87.5%农户表示不存在将有机蔬菜私自销售的行为。有的农户在完成自己订单任务的同时，还会主动帮助周边的邻居和亲戚朋友完成订单任务，而不是我们传统认为出于利润最大化的考虑，私自将剩余的蔬菜销售。

本章试图通过实地调查所得，对有机蔬菜协作式供应链中的龙头企业与有机蔬菜种植户的纵向协作行为进行研究，说明有机蔬菜协作式供应链中，贸易、加工企业希望怎样通过协作降低经营成本？农户希望与怎样的企业进行合作，希望通过合作为其提供怎样的帮助？有机蔬菜协作式供应链中农户与企业之间的这种纵向协作关系相对稳定的原因何在？有机蔬菜自身的特性对供应链的稳定起到了怎样的作用？

下图为本章的研究思路图：

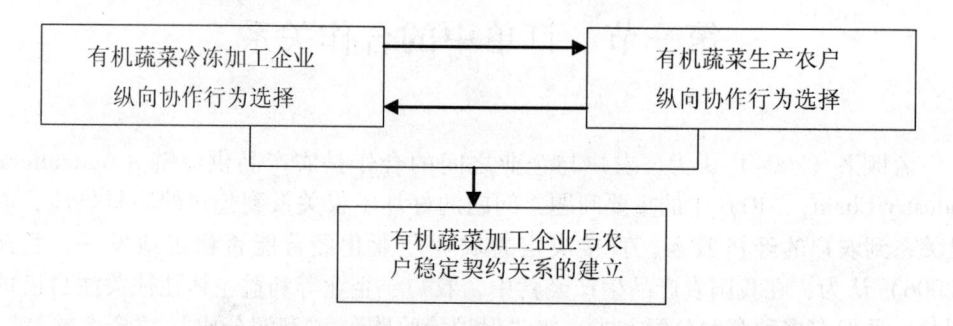

图5-1 有机蔬菜协作式供应链中企业与农户的双向选择模型

第二节 农产品供应链中农户与企业纵向协作行为的文献综述

一、农户行为假设前提

当前，研究发展中国家的农户决策行为已经成为发展经济学研究的重点课题（黄祖辉，2004）。关于农户行为的研究一直是农业经济领域的热点，农户行为理论假设一般有以下两种观点，一是以西奥多·舒尔茨（Schultz，1964）为代表的理性小农学说，他认为农户是相当有效率的理性"经济人"，是在传统技术状态下有进取精神并已最大限度地利用了有利可图的生产机会和资源的人。舒尔茨认为,小农作为"经济人",毫不逊色于任何资本主义企业家。另一种是以罗伯特·西蒙和贝克尔(Becker,1975)为代表的有限理性小农说。西蒙提出了有限理性理论,他认为由于环境的不确定性和复杂性,信息的不完全性,以及人的认识能力受到心理和生理的限制,因此人的行为是有限理性的,他主张运用效用模式对传统农户进行分析。贝克尔亦认为,农户的行为是有限理性的,由他的家庭生产模型发展而来的农户模型已经成为农业经济学的经典模型。

关于人性的假设前提,比较典型的还有机会主义理论和意识形态理论。机会主义理论的代表人威廉姆森认为,经济人的自利行为,常常走向机会主义,即经济中的人不但自利,而且只要能够利己,就不惜去损害他人的利益,利用已有的信息,歪曲信息的真相,使之有利于自己的利益;意识形态的代表人诺斯在其代表作《制度、制度变迁与经济绩效》一书中指出:"人类行为比经济学家模型中的个人效用函数所包含的内容更加复杂。有许多情况不仅是一种财富最大化行为,还是利他的和自我施加约束,他们会根本改变人们实际作出选择的结果。"在另一部经典著作《经济史中的结构和变迁》中,诺斯也表达了相同的思想,他把诸如利他主义、意识形态和自愿负担约束等其他非财富最大化行为引入个人效用函数,从而建立了更加复杂、更接近现实的人性假设。机会主义理论和意识形态理论对于解释农户行为亦有一定的帮助。

有机农业生产中的农户亦存在理性与非理性的行为,为了追求自身利益的最大化,农户可能会偷偷地施用农药和化肥,形成技术对劳动力的替代,从而节约劳动力,提高有机农产品的生产产量。同时,农户也可能为了追求长远利益,而作出理性选择,主动放弃一些投机机会,或者是发挥互助精神,帮助邻居和朋友度过生产、销售的难关。

二、农产品供应链纵向协作研究

Mighell 和 Jones(1963)是最先提倡在农业中进行纵向整合的学者,他们指出,农业为组织设计的经济学创新提供了最早的证据,较之技术革新而言,组织设计更能够影响一个行业未来的发展方向,他们称之为"纵向协调",即包括从原材料生产、加工、储存、运输、销售等活动在内的一系列过程。Schrader(1988)主张将食品链的研究重点由市场转移到链条的垂直整合上来。[①] 威廉姆森(Williamson,1996)在其研究中进一步强调了进行纵向一体化的必要性。国内外的理论和实践均已证明,供应链中紧密的纵向协作已成为降低交易费用和保证食品安全的重要组织

---

① 转引自潭涛,《农产品供应链组织效率研究》,南京农业大学博士学位论文,2004,第10页。

形式。①

进入 21 世纪,对供应链中的纵向协作进行研究已经成为学术界的热点问题,不少国际学者从多种角度对供应链的纵向协作进行分析,但是对农产品供应链的研究相对来说起步比较晚,研究的也比较少。国内的研究主要集中在以下几方面:

(一) 纵向协作 (Vertical Coordination) 的必要性和作用

在农产品供应链的研究中,随着经济的发展和交易组织形式的转变,质量安全成为优质农产品供应链管理的关键环节。不少学者认为,农产品供应链中的合作关系一般是建立在契约基础上的。郑风田、程郁 (2004) 采用五分法对产业群内农户的合作效率和合作行为进行了研究,他们认为,产业群内农户之间的横向合作非常普遍,但这种合作与绩效没有显著的关系,农户之间的合作主要是一种生存需要和风险规避;农户与企业之间的纵向合作是显著并且有效率的。张云华等 (2004) 提出,"纵向契约协作"将是"中国食品产业在安全食品供给中、公司间、公司与农户间主要采用的合作形式"。李洪波 (2005) 认为,供应链上的农户和大型龙头企业都追求自身利益的最大化,因此很有可能导致局部行为的产生,需要合理的制度安排以实现系统优化目标和整体利益最大化。

(二) 纵向协作的方式

纵向协作是协调产品的生产和营销各阶段的所有联系方式,纵向协作的关系主要有市场交易形式、纵向一体化和合同管理三种形式,而合同管理是安全农产品供应链的主要形式。周立群等 (2002) 认为,龙头企业与农户之间最简单的契约形式是签订合同,并按照市场价格收购农产品。结合现代农业的发展,周应恒 (2007) 认为,现代农业生产、加工、运输等各部门、各环节通过经济技术相互联系,其组织形式除了一般的商品买卖关系,还通过短期不固定的经济合同建立比较松散的经营联系,甚至为了节约交易费用,获取规模经济绩效,相互之间订立长期固定的经济合同,建立起牢固的稳定的经营联系,逐步在经济上结为利益共同体。卢凤君等 (2003) 分析了高档猪肉供应链中公司与养猪场行为选择机理的基础,并利用监督博弈模型导出了双方行为选择的临界条件。

关于农业订单合同, Key and Runsten (1999) 指出,订单农业生产和销售体系的发展实质上是对市场失灵的一种响应,市场失灵的发生,使得广大小农户不能进入以下公开市场 (Open Market) 获得发展:信贷市场、保险市场、信息市场。从生产者的角度进行分析,农户参与订单与企业合作的动机可能是多元的,但主要是出于经济绩效和风险管理的需要。大部分研究认为,生产者是为了获取额外的收入 (Little & Watts, 1994)。也有的学者认为,订单形成了对风险和市场的分担机制,

---

① 吕志轩,《食品供应链中的纵向协作诠释及其概念框架》,《改革》,2007 年第 5 期。

有助于贫困农户的技术获取、以较低的成本获取生产投入和服务。另外，相关研究也表明，订单农业有助于提高小农户的收入和农场效率，并使农户有能力安排非农生产。

（三）优化农产品供应链纵向协作行为的政策建议

陈超、罗英姿（2003）提出了在建立农产品供应链组织合作机制时加入信息代理这一中介组织的设想。他们指出，信息代理这一角色应由农业企业出面组织并吸纳规模较大的农户参与组织成立，它不仅承担保证企业农户契约履行的责任，扮演信息沟通者的角色，而且还能够比较公平地根据供应链的总收益动态地调整原先农户与企业所签订契约的利益分配方式，最终向整个农产品供应链协调与建立战略联盟的方向努力。潭涛（2004）认为，应该将供应链上游的广大分散农户有机地组织起来，使之与处于链条中游的加工企业建立战略合作关系，同时加快"农改超"进程，以城市连锁超市或大型仓储超市为主要消费地点，提供安全、快捷、高品质以及高附加值的农业加工产品，打造一条以加工与配送为核心的供应链。杨为民（2006）从蔬菜供应链结构优化的角度对农户与企业之间的合作行为进行了研究，他认为蔬菜供应链内部的企业合作取决于合作效率的高低，而合作效率受合作意向与合作能力的影响较大。因此，应强化合作意向，提高合作能力，提高蔬菜供应链效率，构建蔬菜供应链结构一体化运作的发展模式。

第三节 有机蔬菜协作式供应链中农户与企业合作的假设前提

假设1：有机蔬菜产业链中的龙头企业倾向于与农民经济合作组织或者是种植大户进行合作，中介组织的介入有助于企业与农户契约关系的稳定。

孟枫平（2004）运用非合作博弈（Noncooperative Game）一种解的概念——Shapley值，从理论上分析了农业产业链中龙头企业与农户间合作行为的动因，从利益分配的角度解释了为什么企业愿意选择与大户进行合作并且这种合约关系非常稳定。Shapley值是合作博弈中运用比较多的一种预期价值分配，取决于参与人加入新联盟以及其成为该联盟参与人的概率和边际贡献。借鉴孟枫平的研究，本研究假设，有机蔬菜供应链中的龙头企业为了提供优质的安全产品，杜绝分散小农户施用农药化肥的行为，从而降低企业的经营风险，在条件允许的情况下，更愿意与农民经济合作组织或者是种植大户合作。而这种中介组织的介入能够起到降低交易成本的作用，有助于交易双方契约的稳定。

假设2：有机蔬菜协作式供应链中农户与企业双方合作的主要方式是订单合同，

有机蔬菜生产的特性增强了双方的相互依赖性，提高了合同契约的稳定性。

公司与农户分工合作的必要性源于有机蔬菜种植流程和产品生产过程在技术上的可分性。从农户对企业依赖的角度进行分析，中国有机农业起步比较晚，因此，尽管发展迅速，但是，规模型有机农业产业龙头还比较少。同时，有机消费市场远离有机生产基地，从事有机生产的小农户对龙头企业有较大的依赖性；从企业对农户依赖的角度来看，有机蔬菜属于劳动密集型产业，对劳动力需求比较大，尤其是对技术型的劳动力需求比较大，企业依赖农户提供高质量的有机蔬菜加工原料。由此可见，有机蔬菜生产的特性决定农户与企业之间的相互依赖性比常规种植生产更强。

农产品供应链中，企业与农户之间的合作形式主要是订单合同，而两者相互依赖性的增强，在一定程度上减少了信息的不对称和不确定性。协作双方相信自己在进行资产专用性投入以后对方不会采取机会主义行为来攫取租金，并相信契约能够得到良好的履行。因此，交易双方会有意识地克服和减少交易中的机会主义，交易过程中的道德风险和"败德行为"在一定程度上能够得到有效释放，供应链契约趋于稳定。

假设3：有机蔬菜协作式供应链中龙头企业需要与农户建立长期的合作关系，以作出长期安排，应对消费者多元化需求的变动。长期合作关系的建立，促进了合约信誉的建立，并稳定了供应链中的契约关系。

有机蔬菜供应链中龙头企业与农户之间的合作可能是单次博弈，也可能是多次博弈，这取决于双方的合作意愿以及合作利益的实现。假定农户与企业都只考虑一次性的合作，则在这个博弈过程中，双方都只追求自己利益的最大化，双方关系是建立在完全市场化运作的机制下，是一种非常松散的合作关系。

而协作式供应链上的合作伙伴一般都有长久的关系，并经常以合同为基础，对不断变化的需求作出灵活反应，这是企业获得竞争力的核心所在（世界银行，2006）。另外，协作式供应链对于产品分级、质量一致性和定期供货要求很高。这就决定了作为主要从事加工贸易的龙头企业，非常需要扩大规模，分散基地，稳定订单，满足生产布局局部调整的需要，以保证市场的多元化，并确保产品的稳定供应。

一般而言，如果交易双方经济实力不对等，那么，实力雄厚的谈判者只要能够更多地承担交易风险，就会使交易双方比较容易达成"契约解"（周立群、邓宏图，2004），因此，只要处于优势地位的龙头企业愿意作出适当的让步，协作式供应链中的纵向协作关系建立的时间会相对较长。

显而易见，在果蔬协作式供应链中，企业意愿对交易双方的长时间合作起到了比较关键的作用，多次博弈有助于双方利益的最大化。

但是，由于某些条款是不可证实的，第三方无法监督，契约天然是不完全的（聂辉华，2006）。因此，我们还是假定交易双方处于完全信息但是不完全的契约关系之中，契约信誉的建立对于交易双方契约的稳定亦起到了关键的作用。

假定企业与农户一方不违约时的收益为 α，一次违约所得为 β（$\beta > \alpha$）；

假设交易双方为无限次重复博弈（或者在可预见的未来一直合作），且双方都有足够的耐心，即预期收入的贴现因子 δ（等于 1 加利息的倒数）足够大[①]，遵守合同、讲信用的交易所得为：

$$\alpha + \delta\alpha + \delta^2\alpha + \cdots + \delta^n\alpha = \frac{\alpha}{1-\delta}$$

假定当事人采取触发策略（Trigger Strategy），那么任何一方违约的收益为 β。因此，双方都合作的激励相容约束条件为：

$$\frac{\alpha}{1-\delta} \geq \beta$$

即只要贴现率 $\delta \geq 1 - \frac{\alpha}{\beta}$（意味着博弈重复的次数足够多），违约方未来收益的损失就很有可能会超过短期违约所得利益，选择合作就是交易人的最优选择。

根据克瑞普斯、米尔格罗姆、罗伯茨和威尔逊（Kreps、Milgrom、Robert and Wilsom，1982）的声誉模型（Reputation Model，KMRW 模型），即便博弈次数或交易期限是有限次的，只要任何一方存在交易类型的不确定性，那么也可以在一定期限内达成合作，背后的逻辑与前面类似，就是未来的收益制约了当期违约的诱惑。

由上述推理可知，在不完全契约中，如果农户与企业有一方选择不合作，则他很有可能失去获得长期收益的机会。从理性的角度出发，协作式供应链中的农户与企业出于"声誉效应"的考虑，会自觉遵守合约，以实现契约的自我实施（Self-Enforcing），并促进交易双方契约关系的稳定。

第四节 有机蔬菜协作式供应链中各相关主体的关系与契约的建立

一、有机蔬菜协作式供应链中各相关主体的关系

如图 5-2 所示，肥城市有机蔬菜供应链中农户与龙头企业之间合作的类型主

[①] 张维迎（2002）认为，说一个人有耐心，意思是说他的贴现因子高，一个人越有耐性，就越有积极性建立信誉，一个只重眼前利益而不考虑长远的人是不值得信赖的。

要有以下三种形式,即农户直接与企业交易、农户通过种植大户或者是农民合作组织与龙头企业进行交易,再通过零售商将有机产品销往国际国内市场。

其中,"企业+农户"类型是我国农业产业化的主要类型,这种类型的主要缺点在于,企业与农户之间合作的交易成本较高,农户出于自身利益的考虑,常常会有违约行为,而企业违约的可能性有时比农户更高。

与第一种发展模式相比,通过大户、农民合作组织与关联企业进行合作,则能够有效降低农户专业化生产产前、产中和产后三个环节的风险不确定性。尤其是,有机农业是高技术的专业化生产,对生产的品种、生产技术和生产数量都要求严格,中介组织的出现,亦为农户提供了有效一体化后服务,免去了农户的后顾之忧,并在一定程度上降低了农户的交易成本。

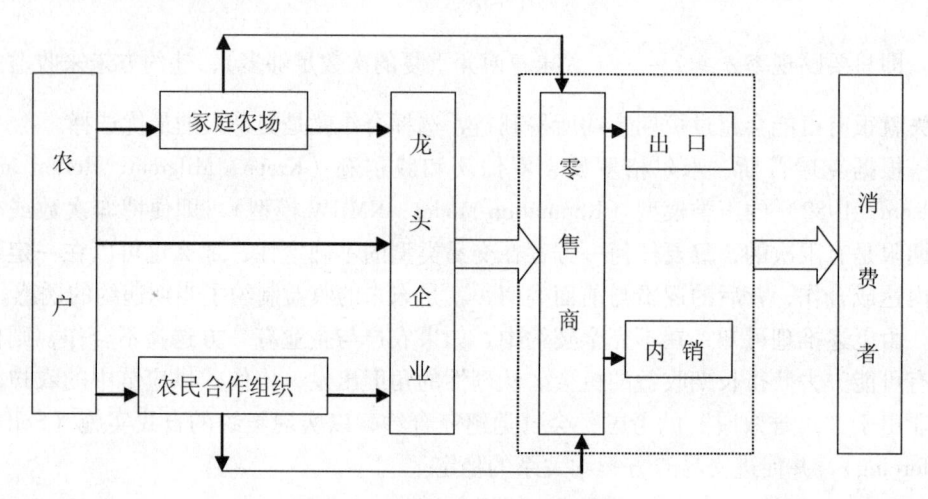

图 5-2 肥城有机蔬菜供应链类型

二、契约关系的建立

本杰明·克莱因(1992)认为,契约通常更被主观地解释为,通过允许合作双方从事可信赖的联合生产的努力,以减少在一个长期的商业关系中出现的行为风险或"敲竹竿"风险的设计装置。

在有机蔬菜协作式供应链中,有机蔬菜加工企业与种植户之间纵向协作关系主要是建立在契约基础上的,包括正式契约和非正式契约两种。

正式契约主要是指订单合同或者是有机蔬菜的收购计划,契约可以是书面的,也可以是口头的。非正式契约是指由文化、社会习惯等形成的行为规范,这些规范不具有法律上的可执行性,但是在供应链中起到了非常重要的作用,尤其是乡土中国本来就是一种差序格局,对于违约者而言,违反非正式契约,不仅会因为交易关系的终止而带来直接损失，而且可能因此导致市场声誉贬值，并带来损失。

有机蔬菜加工企业与种植户正式契约关系主要包括两种类型：生产订单契约与土地租赁契约。生产订单合同主要有两种：龙头企业与农民经济合作组织（种植大户）、农民经济合作组织（种植大户）与农户的间接关系以及龙头企业与农户的直接关系。相比较而言，前者的契约关系比后者更加稳定，后者的契约关系主要建立在市场化基础上。

土地租赁契约的存在与有机蔬菜生产的自身特性密不可分。有机蔬菜的生产离不开基地的建设。根据国家有机食品标准（GB/T 19630.1－2005），有机生产需要在适宜的环境条件下进行。从事有机种植、养殖或野生产品采集的生产单元为有机生产基地，生产基地应远离城区、工矿区、交通主干线、工业污染源、生活垃圾场等，在有机和常规地块之间应该有目的地设置并有可明确界定的用来限制或阻挡邻近田块的禁用物质漂移的过渡区域，原则上至少需要有8米以上的绿化隔离带。

因此，有机生产对土地集约性的要求比较高，在肥城市，有机蔬菜基地规模一般在100亩以上。而家庭联产承包责任制后，中国土地呈现细碎化的特点，为了满足有机生产基地土地集约化的要求，首先必须将村民分散的土地连成一片。在三种发展模式中，土地的集约化也存在三种对等模式：

第一，"公司＋农户"。在这种模式中，龙头企业一般采取返租倒包的形式租用村民的土地，租金由企业支付给村集体，村民与企业之间是典型的雇佣与被雇佣的关系。

第二，"公司＋农民经济合作组织＋农户"。在这种发展模式中，一般首先由当地村集体与企业合作，联合成立有机蔬菜股份合作社，农民以土地入股，每股土地的租金是400－800元/亩，由村集体与农户签订土地承包合同。在有的乡镇，土地契约关系的存在成为分散的小农户是否有资格参加有机生产的门槛，只有以自家土地入股的农户才有资格优先参与有机生产基地的劳动雇佣和年底分红，并享受每年的土地租金。在这种模式中，土地租金由合作社支付给村民，合作社主要通过企业支付的管理费用盈利，企业与合作社是典型的合作共赢关系。合作社与企业签订生产订单以后，再将生产任务分配给生产组长，由组长组织村民生产。

第三，"公司＋大户＋农户"。在这种有机蔬菜产业发展模式中，大户租赁村集体的土地，按照有机生产的要求申请建设成有机蔬菜基地，再雇佣农户在基地种植有机蔬菜。土地租赁费用完全由大户支付，承包户中有不少是村干部，这可能是因为村干部在土地集约方面具有行政上的优势。

第五节　案例分析：有机蔬菜加工企业纵向协作选择行为

交易费用经济学认为，交易费用决定交易主体的选择，交易费用主要由交易特性决定，交易特性又与交易主客体的特性和交易环境有关。作为追求利润最大化的经济人，企业一切行为的出发点都是为了追求自身利益的最大化，都是为了节省交易成本。为了节省交易成本，企业会采取最有效的交易方式。选择不同的纵向协作伙伴，企业的交易费用肯定是不一样的，作为理性的"经济人"，企业自然会选择交易费用最低的对象合作。由此，我们认为，企业选择不同的协作伙伴，就是选择不同的经营模式和成本。

我们采用案例分析的方法，对有机蔬菜协作式供应链中蔬菜加工企业协作伙伴选择行为进行分析。

一、典型企业选取依据

选取典型案例的主要目的在于通过典型企业的特征，说明企业合作伙伴的选择有何特点，企业是否倾向于与农民合作经济组织或者种植大户合作？影响企业纵向协作关系选择的依据究竟是什么？这种协作关系的选择对于企业与农户的契约稳定性可能会产生怎样的影响？本研究主要选取标准包括以下几方面：

1. 企业基本情况

包括企业性质、成立时间、注册资本、资产规模、人员结构、销售区域、年加工能力、冷藏能力、已经拥有认证的情况等。一般经验分析认为，国家级农业产业化龙头企业、经营规模越大的企业、拥有认证比较齐全的企业更加注重自己的声誉，企业违约的可能性小，企业与农户之间的契约关系相对稳定。

2. 企业基地对农户的带动情况

比如是否拥有自己的有机产品生产基地、带动农户户数、基地选择标准等。经验研究认为，公司与农户分工合作的必要性源于有机蔬菜种植流程和产品生产过程在技术上的可分性，双方所拥有的资产具有高度互补性，专用性资产投入越多，企业与农户的相互依赖性越强，违约的可能性越小。

3. 企业与农民经济合作组织、中介组织以及农户的利益分享情况

包括企业是否为农户提供农业生产物资的投入、提供时间，是否一直提供农业生产物资的前期投入并免费提供生产技术，如果不是，为什么以前不提供而现在提供，原因是什么？这种生产物资的投入与有机蔬菜协作式供应链的稳定性之间存在

何种相关性?

4. 企业纵向协作关系选择的依据和标准是什么?

这种纵向协作对象的选择对于双方契约的稳定性可能会起到怎样的影响?另外,企业在与农户协作中还存在怎样的困难,希望政府为其提供哪些方面的支持?

根据以上标准,本研究选择了四家有机蔬菜协作式供应链中的龙头企业(简称为A企业、B企业、C企业、D企业)进行分析,案例选择历时10个月,从2007年5月至2008年2月,由于案例主要是对肥城地区的龙头企业进行研究,而该地区有机蔬菜产业尚处于集聚的过程中,企业数量还不多,企业与企业之间在结构、发展经历、基地和协作伙伴选择以及产业发展过程中存在的困难可能会有所相似,这在一定程度上限制了样本数量和多元性的选择。

表 5-1 案例企业的基本情况

项目	A 企业	B 企业	C 企业	D 企业
企业性质	中外合资	民营独资	股份合作	民营独资
成立时间(年)	1994	2001	2002	2005
注册资本	83.73 万美元	500 万人民币	1600 万人民币	480 万元人民币
员工人数(人)	1200	500	300	500
面向市场	国际市场	国际市场	国际市场	国际市场
年加工能力(吨)	30000	7000	1000	3000
冷藏能力(吨)	20000	6000	15000	1500
年销售额(万元)	25852	4000	3000	1500
基地数目(个)	30	31	10	13
2007 年带动农户(户)	24210	31(大户)	3000	4500

数据来源:山东肥城市实地调研(2007年12月-2008年2月),下同。

二、案 例

(一)案例 1. XXXXX 食品有限公司

A企业是肥城市最早发展有机蔬菜加工的企业,相比较其他企业,A企业已经进入发展的成熟阶段,对A企业的分析有助于分析成熟企业协作对象选择的依据。

1. 企业基本情况

A企业成立于1994年,是我国最早从事有机蔬菜加工的企业之一,主要以生产有机食品为主,是集种、加、出为一体的国家级农业产业化龙头企业。截至2007

年底，公司拥有员工 1200 余人，年生产有机蔬菜 30000 吨，实现销售收入 2.59 亿元，完成出口创汇 3378 万美元，产品市场主要是日本、美国、加拿大等工业化发达国家。目前公司已发展有机蔬菜种植基地 2.9 万余亩，基地数量 30 个，带动农户 24210 户。

2. 企业资产专用性投资①

A 企业 1994 年开始基地的转换，1997 年获得国家环保总局有机食品发展中心 OFDC 的认证，其后陆续获得国际有机作物改良协会 OCIA 有机认证、美国 NOP 有机认证、日本农林水产省 JONA 有机认证、欧盟有机农业条例 EU2092/91 认证等多种国际国内认证。企业有机蔬菜基地的认证费用全部由企业出，2007 年企业用于认证的费用是 200 万元，其中，国际认证费用是 180 万元，国内认证费用是 20 万元，近 5 年平均每年用于基地认证的费用是 160 万元。目前，企业固定资产规模已经由原来简单的 1 个加工车间发展为分布全县的 6 个有机蔬菜冷冻加工厂，加工厂的选址靠近有机蔬菜生产基地，之所以这样做的原因，企业董事长认为是可以节约运输费用，较大幅度地降低经营成本。

3. 企业协作对象选择

A 企业以前与农户合作的方式主要是"公司+农户"的形式，但是，2002 年 7 月山东菠菜出口日本事件发生以后，企业就逐步改变了与农户合作的形式，在探索中寻求新的合作方式，即"公司+合作社+农户"或者是"公司+大户+农户"。目前，企业与农户并不直接打交道，而是由企业牵头，与村"两委"（村委会和村党支部）协商，成立有机蔬菜栽培合作社。公司每年年初根据市场需求与合作社签订一次生产订单，合作社再与农户签订有机蔬菜收购合同，并对农户的有机蔬菜生产进行技术指导。在市场订单出现波动的情况下，企业也尽量不改变与农户的订单，以维护与农民多年建立的合作关系，并努力调整市场战略，尽力在短时间内恢复产品销售量。

在蔬菜基地的质量安全监管方面，企业外派驻场员常年工作生活在基地，这样即可以加强监管，同时也可以及时给予农户有机生产方面的技术指导。为了从源头上控制有机蔬菜的质量，企业要求农户只能使用企业统一购买的种子、有机肥、生物农药，并由企业驻场员统一时间打生物农药。

在利益联结机制方面，为了提高合作社纵向协作的积极性，企业每年按照销售额与有机生产相关的农资以及收获数量给予合作社适当的管理费用，从而与合作社结成了紧密的利益共同体。据其董事长介绍，企业每年用于基地建设改造和农户收入损失性补贴方面的费用为 80 万元。2007 年，企业返还给村集体的利润是 260 万元，返还给农户的利润为 200 万元。在与农户的协作中，公司从 1997 年开始，为

---

① 根据威廉姆森的界定，资产专用性（Asset specificity）是指为某项特殊交易而进行的耐久性投资，是契约是否稳定的重要因素。资产专用性投资可以包括物资场所、人力资产以及其他专用性资产的投入。

农户提供农业生产物资的早期投入，之所以这样做的一个主要原因也在于企业想维护在农户中的信誉，与农户建立良好的协作关系。

由以上的分析可以发现，在有机蔬菜协作式供应链中，A企业选择与村"两委"合作的好处在于利用其在农户中的威望发展有机蔬菜生产，节约交易成本，降低监管成本，同时有助于提高合作的效率，建立长期合作关系，形成契约自我履行机制。

4. 企业与农户协作中存在的主要问题

企业认为，当前与农户协作中存在的主要问题是当市场哄抬有机蔬菜生产原料价格时，少数农户会违约私自销售。

(二) 案例2. XXXX食品有限公司

B公司成立于2001年，属于民营独资企业，是由山东省大型农业产业化龙头企业为了发展有机蔬菜加工业而专门成立的子公司，相比较A公司，B公司进入时间要晚，在与农户的协作方式上采取了截然不同的方式。

1. 公司基本情况

B公司成立于2001年，主要从事有机蔬菜和普通蔬菜的种植、加工、出口，产品98%出口日本，全部为冷冻蔬菜。其母公司成立于1991年，下属26个合资和全资子公司，总资产规模在20亿元。B公司现有职工500人，其中专业技术人员72人，年生产冷冻蔬菜4000吨，保鲜蔬菜2000吨，2007年实现销售额4000万元，出口创汇560万美元。之所以选择在肥城市发展有机蔬菜冷冻加工业，是因为这里是全国有机蔬菜的发源地之一。

2. 企业资产专用性投资

B公司占地面积20000平方米，其中，加工车间占地15080平方米。2005年－2007年间，为了实现有机蔬菜一体化经营，母公司每年专项投资不低于2亿元人民币。比如，为了保证蔬菜的新鲜，企业引进国际先进的IQF流水线3条，并建有高档次全进口农残及微生物检验仪器化验室1个、5000吨冷库1座，仅实验室方面的投入就超过1000万元人民币。为了保证有机蔬菜的产品质量，基地认证费用全部由企业出。目前，公司已获得ISO9002和HACCP认证，欧盟BCS、日本ICA质量认证等多种国际国内认证。2007年企业用于认证的费用是6万元，全部为国际认证费用，成立以来，平均每年用于基地认证的费用为5万元。在人力资本投资方面，企业基本做到每年定期培训4次，每月举办一次座谈会。2006年5月29日，日本肯定列表制度出台以后，为了保证出口产品质量，企业提高了自检的要求，内部自检项目由原来的80种增加到200种，内部成本因此增加了20%，仅设备增加投资一项就达到220多万元。[1]

---

[1] 《绿龙：日商追加冷冻蔬菜订单》，《大众日报》，2006年9月14日。

3. 企业协作对象选择

为了保证有机蔬菜生产源头的质量安全，B 企业全部选择与大户合作或者是与村"两委"合作组建有机蔬菜栽培合作社，委托大户或者是合作社与分散的小农户交易，基本没有与分散的小农户打交道。据 B 企业主要负责人介绍，选择与大户合作的好处在于管理方便，大户或者是合作社工作态度认真，方向明确，可节约双方投资，达到共赢目的。2006 年 5 月 29 日，日本肯定列表制度出台对许多山东从事对日出口的企业造成负面影响，权威数据表明，当年 6 月，从山东口岸出口到日本的农产品同比下降 10.1%。以菠菜为例，以前山东每年出口日本的冷冻菠菜为 4-5 万吨，而自 2004 年 7 月通关以来，据估计至 2005 年 7 月全年 1 万吨的出口量都无法满足。① 但是由于 B 企业的产品质量好，生产技术标准高，不少日本客户在这种背景下还追加了订单。

4. 企业与农户协作发展中存在的主要问题

企业认为，当期与农户的合作方式并不存在任何问题，关键问题是土地涨价，土地大面积承包比较困难；另外，种植有机蔬菜的面积加大，导致害虫有更多栖息地，病虫害数量增加，给有机蔬菜的病虫害防治带来困难。但是，这些问题并不是企业与农户协作中存在的主要问题。

（三）案例 3. XXXX 食品有限公司

1. 企业基本情况

C 企业亦属于国家级龙头企业，是一家集果蔬储存、速冻、保鲜、冷干、加工为一体的股份制企业，年加工能力达到 10000 吨，生产的速冻水果及蔬菜系列产品主要出口欧盟、韩国、日本及东南亚等国家和地区。企业当初选择在肥城市发展有机农业也是看中了肥城市良好的发展环境，考虑到肥城市是全国最早发展有机蔬菜的产区之一，国内最先认证，在该地发展有机蔬菜加工业具有得天独厚的产业优势和巨大的商机。截至 2007 年底，企业拥有员工 300 人，其中，技术人员 48 人；拥有资产规模 9405 万元，其中，固定资产 5875 万元。2007 年，企业有机蔬菜出口 356 万元，基地带动农户 3000 户。

2. 企业资产性专用性投资

C 企业占地面积 65000 平方米，拥有 2000 吨恒温库一座、1000 吨低温库及辅助设施 2600 平方米、果蔬加工车间 2100 平方米，并拥有国际一流的果蔬速冻生产线。为了保证产品出口，公司在认证方面投入不少资金，并通过了相关的国际国内认证。为了保证认证的有机产品符合出口的要求，有机认证基地的认证费用也是完全由企业自己出。2007 年，企业用于有机蔬菜基地的认证费用是 14 万元，全部为

---

① 王志刚，《市场、食品和安全与中国农业发展》，北京：中国农业科学技术出版社，2006 年，第 276 页。

国际认证费用，近5年企业用于有机蔬菜基地认证的费用平均每年为10万元。

在有机蔬菜生产方面，企业为农户提供生产物资的早期投入以及免费的技术咨询，并上门进行收购，在订单执行中实行保护价收购；另外，帮助农户加大有机蔬菜基地基础设施的投入，比如防虫网、防护灯、隔离网等。这些设施是2003年开始提供的，之所以为农户提供这些设施，是考虑到有的农户条件有限，不能很快投入生产，为他们提供部分资金和生产物资，能够调动其生产积极性，同时也有助于提高生产标准，从而达到企业生产要求。

为了保证有机蔬菜原料的常年供应，企业在南方某些地区还建立了专门的有机果蔬生产基地。

3. 企业协作对象选择

C企业产业化发展模式采取的主要是"公司+农户"和"公司+村经济组织+农户"的形式，其中，"公司+村经济组织+农户"的占据主要比例，之所以选择这两种模式，主要是受到A公司及其他企业发展的启示，而且与村集体合作，有效地提高了企业的生产效率。企业与村集体一般都签有协议，规定村集体必须按时完成公司的订单任务，否则村集体需要缴纳一定的违约金和罚金。另外，企业认为和村集体合作的好处在于获得国家级和省市级农业补助的可能性提高，同时村集体考虑到与企业合作的长远利益，一般都会自觉执行协议。

4. 企业与农户协作发展中存在的主要问题

当前，企业认为与村集体成立的有机蔬菜合作社合作并不存在什么问题，只是个别时候在市场出现哄抢有机蔬菜加工原料的情况下，有的合作社会出现违约行为，在这种情况下，企业一般是将这种生产基地开除掉，不再与其合作。

（四）案例4. XXXX食品有限公司

1. D企业基本情况

D企业成立的时间比较短，属于民营独资企业，始建于2005年6月，亦是集种植、加工、出口于一体的综合性有机农产品加工出口企业，主要销售市场以日本、美国等工业发达国家为主。企业现有员工500人，其中技术人员41人，资产总额1600万元，其中固定资产1200万元。企业年销售收入6000万元，年创汇额750万美元，产销率达100%。

2. 企业资产性专用性投资

D企业厂区占地面积23000平方米，加工车间占地规模为1680平方米，建有速冻菜和软包装罐头两条成型生产线，低温冷藏库1000吨，实验室检测设备价值20万元。为了保证认证基地符合企业出口的要求，有机蔬菜基地的认证费用也是全部由企业自己出。企业2006年开始认证，2007年用于认证的费用是15万元，其中，国际认证费用是3万元，国内认证费用12万元，有机蔬菜生产基地的租赁费用3年合计为400万元。

3. 企业协作对象选择

企业合作对象主要是大户与合作社，其中"公司+大户+农户"的发展模式所占的比例为60%，"公司+合作社+农户"的比例基本为40%，而且合作社的发展模式在当地发展很快。企业认为，与大户或者合作社合作的好处在于企业管理起来非常方便，能够极大地保证有机蔬菜加工生产原料的安全。发展之初，企业也主动到村里进行宣传和动员，但是并未得到村民的认可，还是通过村集体的宣传和动员，村委会以行政命令的形式作农户的工作，才解决了乡土中国特有的这种问题。为了加强与他们的合作，提高企业的信誉，企业还主动为合作社（大户）提供基地基础设施投入，为其提供农业生产物资的早期投入，并将有机蔬菜生产环节所获的利润全部退给合作社或者是农户。但是，企业也认为，与"公司+农户"的合作方式相比，"公司+大户+农户"模式的美中不足在于，大户常常为了节约经营成本，在施肥与除草方面的积极性并不是很大，这在一定程度上也会影响有机蔬菜的品质。

4. 企业与农户协作发展中存在的主要问题

D企业认为，与农户合作中并不存在太多的问题，他们对未来的发展充满信心。

第六节 有机蔬菜种植户纵向协作行为选择分析

一、有机蔬菜种植户销售方式选择

表5-2 案例企业的基本情况

销售渠道	频数	比例（%）	累计概率
协会或合作社	83	54.25	54.25
超市	3	1.96	56.21
加工企业	66	43.14	99.35
农贸市场	1	0.65	100
合计	153	100	

由上表可以看出，由于有机蔬菜在本地没有市场，农户并不能私自销售有机蔬菜，农户自己销售有机蔬菜的可能方式是在同类普通蔬菜价格高于有机蔬菜价格的

时候，将有机蔬菜作为普通蔬菜销售。

有效样本中，农户生产出来的有机蔬菜54.25%销售给协会或者是合作社，由这些中介组织再将蔬菜销售给加工企业；第二种可行的方式是直接将蔬菜销售给加工企业，这种方式在样本农户中所占的频数为43.14%；另外，还有少量的有机蔬菜种植户将有机蔬菜直接销售给市场或者是超市。调查中发现，这些少量销售方式存在的主要原因是，2007年，随着农产品价格的上涨，普通菜花的市场价格达到2元/斤，高于以有机方式生产出来的产品价格，市场价格变得对农户有利，出于自身利益的考虑，有的农户偷偷将生产出来的菜花私自在农贸市场卖掉。另外，也有部分农户种植技术提高，在完成企业订单数量以后，将剩余的有机农产品就近在菜场销售。

二、有机蔬菜种植户订单参与程度与动机

表5-3 农户与龙头企业签订订单情况

是否与龙头企业签订订单	是	否
所占比例	53.1	46.9
占已采纳农户比例	66	34
占未采纳农户比例	41.4	58.6

为了发现有机蔬菜种植户订单的参与情况，本研究对种植有机蔬菜农户的订单参与情况进行了问卷访谈，农户订单参与程度详见表5-3。如表所示，在总体样本中，农户订单的53.1%，已采纳有机生产方式中农户订单的参与率为66%，这表明有机蔬菜生产农户中，订单参与的比例相对较高。订单期限一般为一年以下，主要是因为企业要求村集体动员农户参加订单生产，考虑到市场价格的波动，订单期限一般为一年。

另外，为了发现小农户与企业合作的主要动机，本研究在对55户农户深入访谈的基础上以及参考Oliver Masakure（2005）研究的基础上，将小农户的合作动机分为如表5-4所示的11个动机。除了利益最大化的考虑外，分散的小农户与企业进行纵向协作，从而参与有机生产的动机主要还包括有机生产系统安全、邻居获利、从与企业有机蔬菜生产合作中获取其他的生产机会、生产物资投入有保障、缺少可替代收入来源、销售有保障、收购价格有保障、不需要运输、从有机产品出口中获取满足、获取有机产品溢价收入以及获取新的生产技术；研究方法采用的是5点Likert量表法，即在对农户的问卷调查中，让农户对上述动机进行打分，其中1表示"非常重要"，2、3、4、5分别表示"重要"、"一般"、"不重要"、"非常不重要"，打分结果如表5-4所示。

表5-4 有机蔬菜农户订单参与动机的得分排序

农户与企业合作动机	样本	最小值	最大值	均值	标准差
生产系统安全	77	1	5	4.58	0.879
不需要运输	77	1	5	4.27	1.232
生产物资投入有保障	77	1	5	4.21	1.218
邻居获利	77	1	5	3.92	1.546
缺少可替代收入的来源	77	2	5	3.83	0.951
销售有保障	77	1	5	3.74	1.351
获取新的生产技术	77	1	5	3.66	1.188
获取其他生产机会	77	1	5	3.65	1.562
收购价格有保障	77	1	5	3.57	1.409
从有机产品出口中获得满足	77	1	5	3.29	1.629
获取有机产品溢价收入	77	1	5	2.71	1.685

三、与企业合作时间

表5-5 样本农户与企业合作时间

	频数	比例（%）	累计概率
1年以下（含1年）	18	11.76	11.76
2-5年	33	21.57	33.33
6-10年	67	43.79	77.12
10年以上	35	22.88	100
合计	153		

如表5-5所示，由于当地发展有机农业的时间比较早，而本次调查有意识地抽取了几个典型乡镇进行调研，因此，有机蔬菜种植户与龙头企业合作的时间普遍比较长，一般在6-10年，所占比例为43.79%，10年以上的为22.88%，合作时间在2-5年的为21.57%。研究亦表明，相比较普通蔬菜的种植，有机蔬菜种植农户与企业合作相对比较稳定。

四、农户与企业合作动机的因子分析

鉴于有机蔬菜种植户订单参与的比率比较高,本研究借鉴 Oliver Masakure (2005) 的研究方法,采用因子分析的方法,对有机蔬菜种植户订单参与动机进行研究,以对农户与企业纵向协作动机进行深入分析。

(一) 因子分析的步骤

因子分析作为一种常用的多元统计分析方法,是通过研究多个变量(指标)相关矩阵的内部依赖关系,找出控制所有变量的少数公因子,将每个变量(指标)表示成公因子的线性组合,以再现原始变量与公因子之间的相关关系。

本研究的因子分析分为四步:

第一,根据研究目的,选取各类指标因素进行 KMO 检验和球形检验,以判断数据是否适于作因子分析。如果有缺失数据,此步骤需要进行缺失数据估计。

第二,经主成分分析 (Principal Components Analysis, PCA),确定因子数目。在因子个数的确定上,只考虑特征值大于 1 的因子,同时考虑这几个公共因子的累计方差贡献率,只有指标值达到 70% 以上时才符合要求。

第三,用方差最大旋转法 (Varimax – Rotated Matrix) 进行因子旋转变换,使得各因子所对应的负荷尽可能地向 0 和 1 两极分化,直到旋转后的主因子能够更好地解释农户订单参与的动机。

第四,找出主因子并命名,解释主因子对有机生产农户与企业合作动机的作用机制。

(二) 变量相关性检验

KMO (Kaiser – Meyer – Olkin) 又称为"取样适当系数",经验分析表明,KMO 值愈大,表示变量间的共同因素越多,越适合进行因子分析,一般情况下,只要 KMO 的值大于 0.5,就适合进行因子分析。与此同时,Bartlett 球形检验 (Bartlett's Test of Spherici) 的卡方统计量也可以更加简明地说明数据是否适合做因子分析。由于本研究因子分析通过了 KMO 检验和 Bartlett 检验 (KMO 值为 0.826,Bartlett 球形检验的卡方统计值为 513.91,相应的概率 p 值接近 0,小于 1%),表明本研究适合进行因子分析。

(三) 农户参与订单与企业合作的动机因子细分

本研究结果表明,旋转后的 4 个因子呈现出清晰的负载模式,累计贡献率达到 56.096%,具体因子负载量详见表 5-6:

表 5-6 样本农户与企业合作时间

合作动机	因子 1	因子 2	因子 3	因子 4
生产物质投入有保障	0.803			
销售有保障	0.790			
收购价格有保障	0.713			
不需要运输	0.819			
获取新的生产技术		0.756		
获取其他生产机会		0.819		
获取有机产品高于常规产品的收入			0.919	
缺少可替代的收入来源			0.741	
看到邻居获利				0.787
从有机产品出口中获取满足				0.841
有机生产系统安全				0.668
特征值	2.429	2.271	2.101	1.557
能解释的方差比例（%）	22.487	19.256	15.020	11.915

附注：所有因子在 5% 的水平上统计显著。

根据旋转的载荷矩阵，结合文献研究的结果，我们可以对这 4 个因子进行命名和解释：因子 1 解释了最大的方差（22.487%），反映了被调查地区农户参与订单与企业协作的最基本合作动机。"生产物资投入有保障"、"销售有保障"、"收购价格有保障"以及"不需要运输"在因子 1 上有较高的载荷，它们最大限度地解释了从事有机蔬菜种植的小农户在订单参与决策中与企业协作的偏好，因此，可以将因子 1 命名为"市场体系"因子。因子 2 上有较高载荷的变量是"获取新的生产技术"、"获取新的生产机会"，它们共同解释方差的 19.256%，可以概括为"间接收益"因子。因子 3 上有较高载荷的变量是"获取有机产品溢价收入"、"缺少可替代的收入来源"，它们共同解释方差的 15.02%，可以概括为"收入"因子。因子 4 上有较高载荷的变量是"看到邻居获利"和"从有机产品出口中获取满足"、"有机生产系统安全"，它们共同解释方差的 11.915%，可以概括为"不确定性收益"因子。

第七节　有机蔬菜加工企业与农户契约稳定性的理论分析

根据威廉姆森（1985）对契约的研究，交易契约的形成与执行决定于资产专用性、交易的不确定性和交易发生的频率。[①] 企业资产专用性投资越大，就越容易被"锁定"，建立长期合作关系的愿望就越强烈。而一项交易的不确定性越大，实现契约的费用越高，契约被执行的可能性就越小。造成契约不确定的主要原因可能是语言的限制、疏忽、解决契约纠纷的高成本、信息不对称以及喜欢合作的倾向等多种因素。交易发生频率是双方进行交易的经常性或重复程度，只有较高频率的交易才能促进企业与农户之间的长期重复博弈，而这是契约均衡得以实现的重要条件。

一、有机蔬菜加工企业守约的动因

通过上面的案例分析，我们发现，有机蔬菜加工企业守约的动因主要是企业资产专用性投资与出于自身声誉的考虑。

从企业资产专用性投资的角度来看，有的学者认为，企业资产专用性投入与契约的稳定型存在正向关系，应该通过加大资产专用性投资的力度来增强交易的稳定型。

在有机蔬菜协作式供应链中，企业的资产专用性投资包括企业有机种子等农业生产物资的提供、冷冻加工厂的建设、冷冻生产流水线的建设、有机生产技术服务的提供以及检验检测设备的构建等。企业的资产专用性投资能否得到实现依赖于双方交易能否实现。随着企业资产专用性投资的加入，比如企业提供种子、农药、化肥等农业生产资料以及生产技术等混合性专用投资，农户与企业交易的地位提升。为了防止农户的不交易行为，同时期望通过长期交易行为，建立起与农户之间稳定的契约协作关系，获得长期交易的利润，企业首先自己做到履约，这在一定程度上增加了契约的稳定性。

从企业声誉的角度进行分析，建立良好的合约信誉有助于企业长远利益的实现。在肥城市，政府非常希望企业能够带动农户收入增长，作为国家级、省级龙头企业或者是地方政府引进的重点培养企业，企业与地方政府建立稳定合作关系的意愿非常强烈。为了这种长期合作伙伴关系的建立，企业一般愿意在与农户打交道的过程中维护好形象，尽可能地减少违约行为。而越是有长远眼光的企业，越是珍

[①] 转引自乔光华，《乳业食品安全的经济学研究》，中国人民大学 2006 年博士论文，第 128 页。

惜自己的声誉。

从长远利益的角度进行分析，随着加工企业不断进入，有机蔬菜的供给在肥城市成为稀缺品，有的企业为了降低交易成本，并不建立自己的基地，而是在收获季节采取高价收购的方式哄抢有机蔬菜生产原料。为了保证企业有机蔬菜加工原料的稳定供应，企业比较珍惜合约信誉的建立，即使是在企业与客户合同发生变动的情况下，也尽可能不调整与农户的订单，在货款返还方面，也尽量做到不拖欠，从而保证与农户契约的稳定。

二、农户履约与违约的理论解释

上述研究表明，有机蔬菜协作式供应链中农户的履约率比较高，调研样本中约87.5%农户表示从来没有将有机蔬菜私自销售的行为。分析原因，主要是因为，作为理性的"经济人"，农户追求自身利益最大化和对长远利益预期的结果：

第一，利润分成机制的创新促进了农户与企业之间契约关系的稳定。在肥城市有机蔬菜协作式供应链的组建中，企业与农户之间经过近10年的探索，已经逐步形成了一种利润分成的新机制，即通过村"两委会"与当地的农业技术推广站合作建立有机蔬菜股份合作社，通过合作社的形式搭建起企业与农户之间联系的桥梁。因此，农户完成的订单主要是针对合作社，农户的利益与合作社有紧密的联系，利润分成亦由合作社来具体操作。与此同时，企业与农户现有的利益联结机制得到了优化，企业在实现自身利益的同时，能够将部分利润返还给村集体和农户。因此，在当地有机蔬菜协作式供应链中，农户的履约率普遍比较高。

第二，农户与企业的长期合作，增强了农户对于未来收益的良好预期。如上所述，农户与企业之间已经建立较长的合作关系，通过多次博弈，其利益得到了有效的实现，收入来源亦比较稳定，减少了农户外出搜寻市场的时间和成本。所以，农户对于有机蔬菜种植有比较好的预期，在暂时遇到普通蔬菜市场价格高于订单收购价格的时候，农户也能够通过互助的形式，首先完成企业的订单任务。另外，农户通过参与有机蔬菜生产，也获得了不少的间接收益，比如获得了有机蔬菜生产技术、生产系统安全、不需要考虑运输和市场的问题、生产物资的投入得到保障、通过有机生产获得了其他的生产机会等等，有的农户还从有机蔬菜的生产中获得了满足，这对于供应链中的契约稳定亦起到了一定的积极作用。

第三，农户资产专用性投资与合约信誉的建立。在肥城市，从事有机蔬菜生产的农户有不少以土地为资本参与合作，这种农户在肥料、生物农药方面又更愿意增加投入，契约更加稳定。另外，由于中国农村的差序格局，社会信息常常通过农户串门聊天的形式得到传播。在当地，如果农户因为私自销售有机蔬菜被龙头企业发现而解除合约关系，就很容易上黑名单，其他企业亦不会冒风险与之合作，即使在有机蔬菜基地打工，可能也不一定有人敢聘用。因此，作为风险厌恶者，小农户亦一般不愿意冒险私自销售，断绝与龙头之间的长期合作。

三、中介组织在加工企业与农户契约稳定性中的作用

在肥城市有机蔬菜协作式供应链中，联结农户与龙头企业的有机蔬菜合作社的出现亦是有机蔬菜产业发展的必然，对于农户与企业契约稳定起到了关键的作用。

1994年，肥城市有机蔬菜发展初期，龙头企业主要采取"公司+农户"的产业发展模式。为了保证有机蔬菜生产的质量，企业对分散的农户施行"十户联保，联户监督"机制[1]。

开始种植有机蔬菜初期，要求农户改变原来的种植习惯，严格按照有机生产标准，不施用农药和化肥并不是一件容易的事情。为此，合作社要求每10个农户结成一个小组，设立组长，一方面，合作社和技术员对农户的生产进行外部监督，另一方面要求团队成员相互之间自我约束、互相监督（Mutual Monitoring）。如有一户农民偷用农药和化肥，一经发现，直接责任人罚款100元，所种蔬菜全部销毁；另外9个联保户分别处50元罚款，蔬菜还要降价处理。同时，对举报行为进行激励，每发现一次，奖励100元。

尽管这种联保模式对于农户施用农药和化肥的行为具有一定的约束力，但是，并没有因此杜绝农户的施药行为，农户还是可能为了提高蔬菜产量而采取机会主义行动。

2002年日本对山东菠菜出口事件使该地区有机蔬菜产业组织模式发生诱致性变迁。该年1月，实施"中国产蔬菜检查强化月"后，山东出口日本的冷冻菠菜滞留港口，企业经营遭受巨大经济损失。此次事件后，企业开始积极与有机蔬菜种植基地所在村"两委"合作，组建有机蔬菜栽培协会（合作社），与合作社建立起委托——代理关系。企业并不直接与分散的小农户打交道，而是委托合作社加强对农户有机蔬菜的安全生产监管。而合作社也起到了联结企业与农户的双重作用，在小农户与大市场之间搭建起了一座桥梁。

尤其是2004年取消农业税后，有机蔬菜合作社收入成为村集体收入的重要来源之一，村集体与企业合作的意愿更加强烈，推动了有机蔬菜合作社的发展。为了双方长期合作利益的实现，合作社积极协助企业抓好农户有机蔬菜生产的质量安全和有机蔬菜生产技术的培训。在有机蔬菜的生产监管方面，协助企业推行"一订、三改、五统一"的管理模式，即公司直接与农户签订种植合同，投资帮助农户改良土壤、改造基础设施、改进种植品种，统一安排种植品种、统一提供种子肥料、统一栽培、统一田间管理、统一收购产品，每个基地设立技术培训员、巡视员和种植

---

[1] 多户联保制度是我国农业产业化体制演变过程中的一种有益的尝试，其核心思想在于农户对违约经济绩效的预期。

农户同时记录每天档案,全过程跟踪监控产品质量。在技术培训和传播方面,合作社定期不定期举办有机生产技术培训,帮助农户培养意识,使他们知道什么是有机产品、有机产品的特点是什么,同时提高农户技术水平,做到"技术人员直接到户、良种良法直接到田、技术要领直接到人"。

有机蔬菜合作社的发展表明,合作社对于降低企业监督与管理成本起到了积极的作用。与此同时,合作社严格的质量安全管理和有机蔬菜生产技术的培训学习对周边农户也产生了积极的示范带动作用,农户安全生产意识得到较大提高,这又促进了有机蔬菜质量的提高。

同样,在"公司+大户+农户"的有机蔬菜产业发展模式中,大户亦充分利用其对小农户信息资源掌握齐全的特点,起到了对小农户质量安全监督的作用。但是,与合作社相比,大户追求个人利益的特点更加突出,因此,片面追求短期利益的行为不可避免,比如,在上面的企业案例分析中,企业就谈到与大户合作的弊端主要在于大户更看重利益,存在减少有机蔬菜生产肥料投入行为。

四、有机蔬菜协作式供应链中契约稳定性的经济解释

综上所述,肥城市有机蔬菜供应链中农户与企业纵向协作之所以稳定,有机产品的自然产品属性、供应链中合约信誉的建立以及中介组织的诱致性变迁这三个方面是重要原因。

(一)有机蔬菜生产的自然商品属性决定了其协作式供应链中有更多的资产专用性投资,促进了供应链的稳定

由于有机蔬菜要求实现从"田间到餐桌"全过程的有机控制,以减少生产者与消费者之间的信息不对称,从而满足消费者的需求,龙头企业与农户双方的专用性资产相比较常规蔬菜的生产投入更多,并严格互补。尤其是肥城地区的有机蔬菜主要以出口日本、欧美等工业发达国家为主,为了保证产品的新鲜和产品的质量,需要投入更多的专业冷冻和检验检测设备,并且这种专用性资产投资随着企业发展规模的扩大而更多投入。

另外,当地政府希望企业密切与农户的关系,带动周边更多的农户增收,而这种意愿对企业的发展亦是有所帮助的。为了与农户搞好关系,企业在基地的基础设施建设、生产技术培训方面亦会有所投入。

与此同时,农户对于有机蔬菜生产有比较好的预期,在土地、劳动力、肥料、有机肥、专用性的生产采摘工具、简易生产大棚等实施方面也会加大投入。而由于分工的不同,农户与企业在资产专用性投资方面具有较大的互补性,随着双方专用性资产的不断投入,交易双方相互依赖性增强。

周立群、邓宏图(2004)认为,具有高度互补性的资产有必要选择一体化的经

营方式,并且交易双方应该共同拥有"合成一体"的资产。而根据哈特的分类,组织在一体化时,拥有企业(产权)的甲方可以有选择地解雇工人(包括乙方);而在非一体化的场合,甲方只能"解雇"或中止乙方及其资产。① 在肥城市有机蔬菜协作式供应链中,企业与农户具有高度互补性的资产专用性投资,具备了一体化经营的特点,另一方面,双方依然是一种相对平等的交易关系,有机蔬菜种植户与蔬菜加工企业都可以自由选择中断与对方的合同关系,并不符合哈特对一体化的定义。因此,双方的契约关系属于一种"准一体化"关系。而这种关系确立的优势在于能够协调利益,并能有效地实施具有适应性和连续性的决策,是农户与企业契约关系稳定的关键所在。

(二)交易双方合约信誉的建立促进了有机蔬菜协作式供应链的稳定

从前面的研究可以发现,在有机蔬菜协作式供应链中,企业与农户的合作时间一般比较长。这主要是因为,交易双方的利益都得到了一定的实现。从企业角度看,企业的资本得到了增值,规模得以扩张;从农户的角度看,在合理安排家庭劳动力和非农就业时间的基础上,农户的家庭收入得到了较大提高。这种合作利益的实现增强了双方的合作意愿,交易双方出于长远利益的考虑,都非常重视自身的信誉,建立在长期合作基础上的合约信誉逐步建立。合约信誉作为交易双方重要的无形资产,促进了双方对未来收入的良好预期,双方资产专用性投资进一步加大。而农户与龙头企业之间合约信誉的建立,对于"搭便车"行为也产生了威慑与"挤出惩罚"(一个有损集团利益的参与者,在多次博弈的条件下,可能被开出出局)②效应。

(三)中介组织的诱致性变迁降低了企业与农户的交易成本

周立群(2004)认为,易于合作的产业组织有助于降低经济运作的成本、增大交易剩余,而且容易放大组织或一体化的联合行动;反之,交易合约关系维系的链条会很脆弱,维持和运作的成本会很高,合作和一体化行动也难以成就。肥城市有机蔬菜合作社是在企业经营经历比较大的风波之后,经过摸索建立起来的。合作社建立以后,企业的经济绩效得到放大,关键就在于合作社作为中介组织,有效降低了企业的监督成本以及对农户的管理成本,而农户亦提高了与企业谈判的能力,自身利益得到了保障。与此同时,农户能够通过组织比较轻易地获取有机蔬菜的生产技术,对未来收入的预期亦得到了提高。由此可见,有机蔬菜合作社以及大户的介入,促进了小农户与企业的合作,延长了有机蔬菜的产业链,稳定了双方的契约。

---

① 转引自周立群等,《为什么选择了"准一体化"的基地合约——来自塞飞亚公司与农户签约的证据》,《中国农村观察》,2004年第3期。
② 罗必良等,《农业产业组织:演进、比较与创新》,北京:中国经济出版社,2002年,第204页。

案例：北京郊区有机产业蓬勃发展

LFR菜蔬公司，是LFR农业股份有限公司的分公司，由原来的国有企业改制而成。公司的主要发展方向是从事有机蔬菜的生产与销售。采取的模式主要是公司加农户的形式，农民协会还在发展过程中。目前，公司合作的村庄为延庆DW村，该村有住户160户（包括在延庆县居住的村民），每户的口粮田为6分6，责任田1家一亩半，村里有田600多亩，其中大约有30户在基地上班。外出打工是村里的主要收入来源，工作方式主要是在建筑工地干活，收入每人每月700元，人均年收入是2000元。

公司管理的农场规模约200－300亩，技术员3人，种植的品种主要有黄瓜、西红柿等，现有连栋大棚6－7栋，拟建设春秋棚（投入少，但是保暖差，所以只能在春秋天使用，顾得名）。每年交土地租金每亩300元，按照现在250亩计算，在土地租金方面的开支约为每年15万元。土地租赁30年不变，从1983年开始，还有18年的时间。据介绍，目前公司已投入上百万元用于基地的建设。雇用工人主要是村里的村民，以女性和45－70岁左右的男性为主，没有年轻人。工资按日计算，每天为18元。年轻人更倾向于外出打工，而不愿意风吹日晒。目前，基地的灌溉主要还是皮水管浇灌，不过滴灌已经在实行中，每两周有检查员来抽查。

为了配合农家乐的发展，基地正在建设农家小院，与连栋大棚呈现一体模式。另外，为了配合消费者的采摘，配套设施均在建设之中，比如学生教育示范基地、娱乐场所等。在规模建设方面，基地拟辐射带动周边3000亩的地区发展有机农业。

公司董事长对当前中国有机蔬菜产业的发展提出意见，他认为，当前有机农业发展的问题一是消费者对有机农业的认知太低；二是技术指导跟不上，农产品看着生病、看着生虫，打生物药根本不起作用。又比如，去年生产的圆白菜，每斤0.5元还是卖不出去，农民亏损较大，市场价格波动较大。由此可见，农业技术支持对于有机农业的发展非常重要，要发展有机农业必须以市场为指导，及时对产品进行调整，根据需求决定供给。

第八节　本章小结

一、肥城地区有机蔬菜供应链中农户与企业之间稳定的契约关系的建立，较好地说明了在目前，不少农村地区甚至出现"空心村"的背景下，山东省作为农业大省，农业人口密集，但是外出打工的人口相比较其他省市却要少很多的原因。这为中国农村劳动力转型提供了有益的参考，如何才能使更多的农户能够在生养自己的土地上很好地生存，而不必外出谋取生存机会。

二、在有机蔬菜协作式供应链中，龙头企业与农户之间合作的关键在于双方"风险共担、利益共享"的协作机制。无论是龙头企业还是种植户都是"经济人"，都以追求自身利益最大化为目标，双方交易对象选择的基本依据是出于降低交易成本和确保有机食品质量的双重考虑。农业产业化龙头企业与村集体或者是大户合作的交易成本要低于小农户，因此，企业倾向于与前两者合作。

三、与高附加值全球价值链相关联的有机蔬菜生产，主要是由龙头企业、中介组织和大户带动发展起来的。尤其是龙头企业与"村两委"合作组建的有机蔬菜合作社或者是由农业技术推广站组建的有机蔬菜栽培协会在其中发挥了主要的带动作用，提高了分散的小农户的组织化程度，促进了有机农业生产技术的推广。但是，这种组织的产生有其特殊的背景，在更大程度上是企业出于加强食品安全管理的考虑和村集体提高收入需求而组建起来的，这导致农户在有机蔬菜协作式供应链中依然处于弱势地位。

四、由于有机蔬菜主要以外向出口为主，种植农户没有可替代的国内市场可以自行将种植出来的有机蔬菜私自销售，所以在交易初期企业相对而言处于一种优势地位。但是，随着企业资产专用性投资的投入，农户在交易中的地位有所上升，尤其是随着发达工业化国家贸易壁垒的不断提高，企业需要与农民经济合作组织和农户建立长期合作伙伴关系，在这种长期合作关系中，企业与农户双方的合作意愿都比较强，这有助于双方契约的稳定。

五、有机产品的自然商品属性、合约信誉对于肥城市有机蔬菜协作式供应链契约的稳定性起到了重要的作用。从肥城市有机蔬菜协作式供应链的案例中，我们可以发现，由于有机生产基地和消费市场的分离，农户与企业之间的互补性比较强，农户需要企业为其提供产品市场和生产服务，企业依赖于农户完成高质量、安全的有机蔬菜生产原料供给。尤其是对于有机种植户而言，有机产品的销售是一个确实存在并必须解决的迫切问题，与新的企业建立关系会增加农户的交易成本。农户与企业双方信誉关系的建立是双方长期博弈的过程，而这种合约信誉关系一旦建立，就具备了稳定的特点，并意味着双方交易不确定性和交易成本的降低。

总之，有机蔬菜协作式供应链中的龙头企业与农户之间的关系属于半密切型的合作关系，有的地区逐渐向密切型的合作关系转变。随着双方合作利益的实现，有机蔬菜协作式供应链中农户与企业的契约关系趋于稳定。

第六章 有机蔬菜协作式供应链与农户经济绩效分析

协作式供应链对小规模（small-scale）生产者而言可能是有利可图的（Birthal 等，2005）。因为，小规模农户加入协作式供应链的主要方式是与企业签订合同，彼此之间建立长期的协作关系，从而形成企业和农户两者之间的共赢机制。一方面，出口商有稳定充足的货源，以满足进口商对有机产品的动态的多元化的需求；另一方面，小农户可以以较低的成本获得企业提供的前期投入和技术支持，亦不用为经常性的寻找市场而发愁，收入来源稳定。

上述假设成立的前提条件是，分散的小农户只有加入全球价值供应链，才有机会从事高附加值的出口农作物的生产（Coulter, Goodland, Tallontire & Springfellow, 1999; Heri, 2000）。因此，专家们普遍担心的一个重要问题是全世界的小农户会被排除在与高端消费市场相关联的协作式供应链之外（世界银行，2006）。之所以有这种担心，主要原因在于，尽管小农户是农产品生产的主体，但他们在客观上受到生产规模狭小等条件限制，分散的小农户几乎不可能直接成为安全农产品生产的主体，安全农产品生产能否得到有效发展，关键取决于安全农产品生产者是否能够获得必要的经济绩效。杨万江（2006）亦认为，只有那些大规模农户，尤其是基地内的农户才有可能成为安全农产品生产的真正主体。

那么，高附加值的有机蔬菜协作式供应链是否有利于小农户收入的增长？参与有机蔬菜生产对于当地农户的收入究竟有怎样的影响呢？正是出于对上述问题的考虑，本书尝试通过对有机蔬菜协作式供应链中的小农户与常规蔬菜种植户生产投入产出的比较分析，以及合同生产对有机蔬菜种植户家庭纯收入的影响进行实证分析，以寻求问题的解答。

第一节 有机农产品供应链与农户经济绩效的文献述评

国外学者对发达国家农户的定义主要是指农场主，因此，对收入增长的研究主要是从地租和租约关系问题、农场投入产出、农产品价格市场结构、农业劳动工资和劳务工资、农产品贸易政策的角度进行研究。而对发展中国家小农户的研究正在成为发展经济学家研究和关心的热点问题。所谓小农户一般并不好界定,更多的时候,小农户的定义是与农户所拥有或经营的土地数量或饲养的家畜数量相联系的,有的也可以从劳动力的角度进行界定。现有研究发现,世界上大约85%的农场小于两公顷,90%小于两公顷的农场分布在低收入国家,大多数亚洲国家95%以上的农民每户拥有的土地低于5公顷,而中国93%的农场规模低于1公顷。

参与有机蔬菜协作式供应链是否能够增加农民收入取决于两方面的因素,一是发展有机农业本身是否能够增加收入,农户收入增长的影响因素主要有哪些?二是参与高附加值的有机农产品出口是否有利可图,小农户是否有机会参与相应的协作式供应链。

从有机农业投入与产出的角度进行分析,得到专家普遍认同的是,有机农业的投入成本低于普通农业的生产投入,产后销售利润高于普通农业生产。具体分析,有机农业不施用农药和化肥,降低了有机农业生产的成本;同时,产品价格一般高于普通农产品且相对稳定,有机销售环节减少,销售收入高于普通农产品。比如,美国生产者发展有机农业的主要目的是将有机农业体系作为减少成本投入、减少对非再生资源依赖、增加农场收入的一种潜在方式。[1] Vine 和 Bateman 的研究表明,有机农场的固定支出总量要低于普通农场。1977年在西德 Baden – Wurttemberg 地区的研究表明,尽管有机农场的产量较之常规农场要低10% – 25%,但较低的可变成本使其利润与常规农场差不多,这还不包括有机产品升值的那一部分。Schluter (1986) 对生物动力学农场的研究亦表明,生物动力学农场的收益和每公顷农场收入都比同等条件下的常规农场高。通常情况下,第一年有机农场各家庭劳动单位的收益和每个全职劳动力的收入比常规农场要低,第二年就会比他们高。[2] 也有的研究表明,有机农业的生产性投入成本通常比常规农业减少40%,而有机食品的销售价格比同类普通食品高20% – 50%,成本低价格高是有机农场获利的主要原因。

在国内,也有不少学者认为发展有机农业有助于提高农户收入,解决当地劳动力就业问题。比如,包宗顺通过对山东、江西、上海、浙江等省(市)8个有机农业生产基地的典型调查发现,转换期多数样本单位的收入是下降的,但是转换完成以后,样本单位的收入状况有了明显的改善;韩峥(2006)对安徽霍山地区农户有机茶的种植行为进行了分析,研究发现,有机茶的生产使每亩增加收入超过2000元,每人每天劳动力收益达到56元;周泽江等(2004)通过对典型地区的比较分析发现,实施有机农业耕作方式不仅取得了良好的生态效益,而且其经济效益也高于常规蔬菜生产方式。

---

[1] 杨小科编著,《国外的有机农业》,北京:中国社会出版社,2006年,第24页。
[2] 科学技术部中国农村技术开发中心,《有机农业在中国》,北京:中国农业科学技术出版社,2006年,第299 – 301页。

从参与高附加值有机农产品全球供应链角度来看，国际学术界对小农户参与农产品供应链的研究在近年来逐渐增加。相关研究认为，全球经济向"自由市场经济"转变，尽管工业化发达国家有机市场的扩大为发展中国家创汇、企业获利、农户增收提供了可行的途径，但是，有机认证制度提高了发展中国家从事有机产品贸易的成本，作为一种非关税性壁垒阻碍了有意愿进入有机食品市场的小生产者，比如拉丁美洲的有机生产者（Laura T. Raynolds, 2004）；另一方面，高标准、高附加值的果蔬供应链很有可能将小农户拒绝在外，分散的小农户并不一定能够加入相应的供应链并分享其平均利润（世界银行，2006）。如果能克服上述制约因素的限制，那么小农户在生产高附加值的劳动力密集型农产品方面通常具有优势（Joachimvon Braun, 2006）[1]。

综上所述，国外有机农业技术支持体系比较成熟，有机农业投入少而收益大，仅有机农业本身而言是有利可图的。但是，中国有机农业的发展相对发达国家起步晚，技术相对不成熟，有机农业的投入产出是否和发达国家一致，还有待于下面的讨论和验证。而且，有关研究主要是从有机农业综合效益的视角进行分析，而没有考虑农户从事有机农业生产的隐性成本。

与此同时，尽管国际学术界对发展中国家小农户是否能够参与高附加值的协作式供应链的研究正在逐渐成为理论研究的热点，但是国内学术界对中国从事有机农业的小农户是否能够进入出口供应链并参与生产，从而提高收入的研究还有欠缺。

第二节 肥城市农户收入增长的描述性分析

如图6-1、图6-2和表6-1所示，肥城市农户人均耕地面积为1.5亩，户均有机蔬菜种植面积为2.5亩，有机蔬菜种植面积占总耕地面积的比率为17%，显著高于泰安市其他县。这表明，相比较其他地区，有机蔬菜在肥城市经济增长中占据了比较重要的地位。

从种植户家庭收入增长纵向比较的视角来看，近年来，肥城市农户人均年收入亦呈现出稳定增长趋势，并且高于全国农户同类水平（2006年底，肥城市农户人均年收入为5251元，泰安市为4642元，全国平均为3587元，肥城市农户人均年收入高于泰安市609元，高于全国平均1664元）。横向比较来看，肥城市农户人均年收入水平仅次于新泰市（新泰市主要以工业为主），比最低的泰山区高出2651元。

---

[1] Joachimvon Braun 在"小农户适应全球市场项目——农产品供应链管理高级培训班"上的发言材料，未公开发表，2006年。

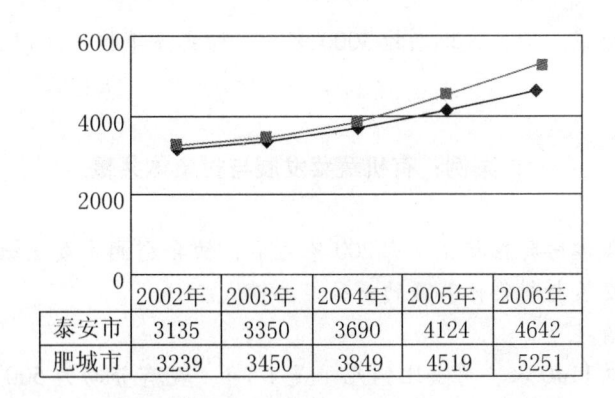

第六章　有机蔬菜协作式供应链与农户经济绩效分析

	2002年	2003年	2004年	2005年	2006年
泰安市	3135	3350	3690	4124	4642
肥城市	3239	3450	3849	4519	5251

图 6-1　肥城市与泰安市 2002-2006 年农户收入（元）
资料来源：泰安市农业局。

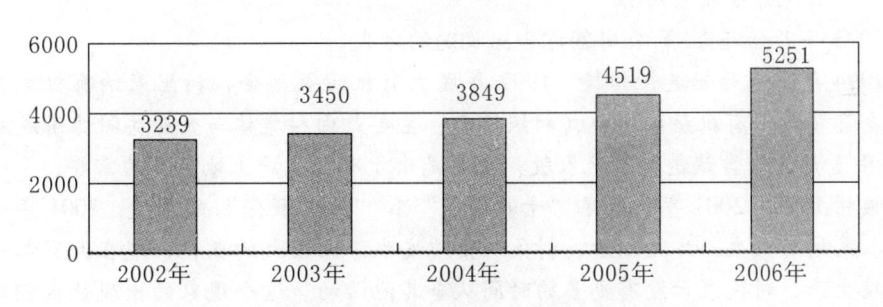

图 6-2　肥城市 2002-2006 年农户纯收入（元）
资料来源：泰安市农业局。

表 6-1　肥城市与泰安市 2006 年有机蔬菜基本情况

	泰山区	岱岳区	新泰市	肥城市	宁阳县	东平县
户均有机蔬菜种植面积（亩）	—	0.55	0.0023	2.5	0.033	0.03
人均耕地面积（亩）	0.96	1.18	0.91	1.5	1.1	1.39
有机蔬菜占农作物面积比率	—	0.02	0.009	0.17	0.32	0.64
农户人均年收入（元）	2600	4865	7260	5251	4048	3596

资料来源：泰安市农业局。

从微观层面进行分析，以有机蔬菜的发源地 JHT 村为例，该村原先世代以粮食种植为生，是典型的"高产穷村"。发展有机蔬菜种植以后，全村农户收入稳定，全村经济和村容村貌都得到了较大的改善和提高。目前，全村共有 305 户，1140 人，1530 亩耕地，2006 年全村经济总收入高达 1555 万元，人均收入 1.36 万元，其中仅种植有机蔬菜一项，人均增收 3000 多元，村集体年收入超过 10 万元（具体见如下案例分析）。

案例：有机蔬菜发展与村集体共赢

类似的村集体协会在肥城市有 200 家左右，协会利润主要上缴村集体，并成为当地有机蔬菜发展与村集体共赢的一种经典模式。

一、基本情况

JHT 村人口 1140 人，男女比例几乎是 1∶1，现有劳动力 500 人，其中 296 户采纳有机生产方式，大户 2－3 户，全部采纳有机生产方式。总耕地面积 1530 亩，其中采纳有机种植 1200 亩，认证 800 亩，还有 400 亩处于有机转换过程中。

二、有机蔬菜发展历程

1993 年开始与 YXY 公司签订合同收购的方式。

1994 年土地开始进行转换，1997 年成立有机蔬菜协会，村里采纳有机生产的农户全部参加了有机蔬菜协会（村级协会，主要是由村集体与企业共同协商成立）。1997 年 3 月开始尝试进行土地入股，主要是出于有机生产土地连片的需要。

该村 1994－2001 年采取了"十户联保"和"五户联保"的制度，2001 年开始取消。采纳有机生产方式以后，村民的素质发生了比较大的变化，现在大家都一心一意搞生产，村民表示没有更多的时间从事其他活动。这个现象的出现让我们对新形势下农村文化的凋敝与发展有了更多的思考。发展农村文化是增强农村社区内在凝聚力的核心（郑风田、刘璐琳，2007）。与此同时，随着有机农业的发展，村民合作与互助性的活动增多，比如生产技术的交流就常常出现在村民之间的聊天中。

村民对土地入股的方式非常满意，早几年还有土地分红，现在逐渐取消了，主要是通过有机蔬菜的销售获取利润。这种方式与 SD 村有比较大差别。

三、当地有机蔬菜发展中存在的主要问题

村支书认为，当前有机蔬菜发展中的主要问题一是与企业协商的价格问题，价格是至少 5 年前就制订好了，近年来，物价上涨，尤其是 2007 年价格上涨幅度比较大，但是与企业协商的价格一直没有变化。二是育苗的问题，这是技术方面的问题。该村在作物生产上采取的是"三作三收"（越冬菠菜——春菜花——毛豆——秋菜花），甚至"四作四收"（春菜花——青刀豆——毛豆——秋菜花），复种指数得到较大的提高。三是有机蔬菜的生产监管问题。为了加强监管，村集体采取了不少的措施，比如，"十户联保"制度、举报有奖制度，每发现一次，奖励 100 元；另外，公司每天都提取样品以保证生产符合要求等等。

该村在合同签订方面发挥了桥梁纽带的作用，与公司签订的价格就是与农民签订的价格，协会主要是按照每吨 60 元的服务费获取利润，村民实际收入为 5600－5700 元，年底没有分红。

但是村民可以从协会获得的好处比较多，比如，种植计划、种植品种、技术指导、生产资料的前期投入、有机肥、生物农药都是由村集体向农民提供。

由上述描述性分析可见，有机蔬菜对于当地农户收入增长确实起到了一定的作用。但是，影响农户收入增长的影响因素很多，尤其是近几年来，提高农户收入已经成为新的历史时期，中国农村和农业经济所面临的重要任务。围绕农户收入的增长，大量学者从不同的角度进行了研究，这已是有目共睹的。要对典型地区有机蔬菜协作式供应链与农户收入增长的关联进行说明，仅有这些宏观的数据还远远不够，还需要从微观行为主体的角度进行分析和研究。而要素投入是生产者决策的最终体现，是生产者对投入——产出和成本——收益进行预测后采取的理性行为（杨金森，2005）。因此，本章以第四章应用的调查数据为基础，进一步比较小农户采纳有机生产方式与常规生产方式的经济绩效。

第三节　农户有机蔬菜种植经济绩效分析

一、农户有机生产的成本收益分析

（一）成本与收益的界定

1. 收益的界定

从传统意义上来说，农户种植有机蔬菜的收益可以包括直接收益和间接收益。直接收益是指可以直接用货币进行衡量的收益，比如，减少的生产投入以及因为种植有机蔬菜而获得的高于普通蔬菜种植的利润增长。间接收益则不能用货币进行直接的衡量，这种收益的增长只能间接用货币进行衡量，由于有机蔬菜产品和生产的特殊性，与有机蔬菜种植相关的间接收益可以包括三个方面，一是有机生产技术的获取。农户只有参与有机蔬菜种植，才有机会获得特殊的有机蔬菜种植的专业生产技术，而这种生产技术可能能够使农户终生受益；二是土地租金的收益。以土地资本参与有机蔬菜股份合作的农户家庭每年可以获取稳定的土地租赁租金；三是企业生产机会的获取。通过参与有机蔬菜生产，农户在企业中获得比较好的信誉，从而可以获得其他生产机会。为了研究方便，本书对这部分间接收益不予考虑。因此，本研究所指的总收益是指直接收益，包括农户在单位土地面积上获得的收益（以亩产值）和农户土地租赁的收入。

2. 成本的概念

本书的成本概念主要是指经济成本，包括农户种植有机蔬菜的显性成本和隐性成本。显性成本主要是指农户在实际生产中所发生的各项实际支出以及农户从事有机蔬菜种植而失去外出打工的机会成本，实际支出包括农户购买有机种子、生物农药、有机肥、塑料薄膜、防虫网、生产灌溉用水费用以及可能发生的运输费用、雇佣劳动力的费用，机会成本在本部分没有考虑；而隐性成本是指"生产者自己所拥有的且被用于生产过程的那些生产要素的总价格，是生产者从事某项活动的主观损失，没有外在表现"。[①] 本研究所指的隐性成本主要是指劳动的隐性成本和土地的隐性成本。劳动的隐性成本主要包括农户成员家庭劳动，包括亲友、邻居之间帮伙投入的成本；土地的隐性成本主要是指农户耕种自己承包的土地时，因为不产生以资本形式支付的地租而发生的损失。借鉴杨金森对隐性成本的测算，本研究分别以当地雇佣农民工工资和土地流转金的平均值计入成本。由于有机蔬菜生产者较多以土地入股，能够获得合理的土地租金，因此，本书将有机蔬菜种植户的土地隐性成本视为0，而非有机蔬菜种植户的土地隐性成本以土地流转金的平均值计入成本。

因此，本书有机蔬菜和常规蔬菜种植的成本可以包括以下几个方面[②]：

（1）变动成本，包括可变物质成本和劳动成本。可变物质成本是指生产中各种可变物质投入的折价总和，又称为可变物质资本，包括种子、化肥、农药（生物农药）、灌溉、塑料薄膜购置等的投入，均以每亩用量和每亩折价计算；劳动成本，是指生产各环节劳动投入的总和，包括翻地、堆肥、追肥、病虫害防治、除草以及收获时期的采摘等等，包括家庭劳动和雇佣劳动两部分，以劳动数量和劳动工值计算，其中劳动工值以当地雇佣农民工的平均日工值折算。实际劳动工值＝劳动天数×当地劳动工资，可比劳动工值＝有机蔬菜生产中投入的劳动工值×常规蔬菜生产中的劳动日工资，从而使两者的劳动价值投入具有可比性。

（2）固定成本，本部分主要是指土地投入，按照当地土地流转中的地租额计算。而与生产相关的固定成本投入，在农户生产环节基本没有，本部分不再考虑。另外，有机蔬菜生产中所包括的基地认证成本、大棚建设成本以及基地管理、技术服务、税金等费用，均由企业或者是有机蔬菜合作社承担，与农户无关，本书亦不再考虑。

（3）总成本，是变动成本与固定成本之和。

[①] 杨金深，《绿色苹果生产的投入产出与经济绩效分析》，《中国农村经济》，2006年第11期。
[②] 杨金深，《安全蔬菜生产与消费的经济学研究》，北京：中国农业出版社，2005年，第64页。

二、有机蔬菜与非有机蔬菜生产的经济绩效对比分析

(一) 有机蔬菜与非有机蔬菜种植产量的比较

肥城市农户种植有机蔬菜之前,主要是从事传统粮食作物小麦和玉米的种植。小麦和玉米仍然是该地区农村家庭主要的种植作物,小麦和玉米一般是每年收获一次,样本农户的小麦和玉米的平均亩产量为2096.49公斤,种植粮食一年的收入每亩为800元,纯收入为300元。而有机蔬菜种植不仅周期短而且见效快,当地农户已经基本形成一年"三作三收",甚至"四作四收"的种植习惯,即春天种植绿菜花、夏天种植毛豆、秋天种植绿菜花、冬天种植日本大叶菠菜,这样下来,有机蔬菜种植基地一年四季基本都得到了有效的利用,产量比种植粮食作物时期有比较大的提高。以样本农户为例,仅仅对种植有机蔬菜农户的总产量进行分析,样本农户种植有机蔬菜的总产量平均值达到3576.03公斤,高于传统粮食作物的产量。

(二) 有机蔬菜与普通蔬菜的价格比较

价格是经济活动中的关键变量,价格信号对生产者的决策起到了关键的引导作用,生产者之所以作出不同的选择,主要是出于对未来收益的预期。

欧洲有机农业的发源甚早,近年来有机农业及有机农产品市场更是快速发展,对欧洲有机产品的价格进行分析具有一定的代表意义。比较欧洲各国有机农产品消费者所付价格及农民所得价格,我们发现,有机农产品的消费者价格相对一般农产品的价格比较生产者阶段的价格比更大。而各种有机农产品又以蔬菜的消费者价格比,较产地价格比高出许多,其原因在于有机蔬菜的运销成本较高(具体见表6-2)。这种现象目前在国内也比较普遍,引起了政府官员和学者们的思考,到底是谁动了农民的奶酪?

表6-2 欧洲各国有机农产品的价格

国家\产品	生产者价格较一般农产品高出的%					消费者价格较一般农产品高出的%				
	蔬菜	谷类	牛奶	马铃薯	水果	蔬菜	谷类	牛奶	马铃薯	水果
瑞典	0-30	50-100	15-20	0-30	40	30-100	10-100	15-20	30-100	100
丹麦	25-50	60-70	20-25	25-50	>100	20-50	0-20	20-30	20-50	50-100
芬兰	50	50	10	50	300	94	64	31	78	-
英国	20-100	-	40	40-200	5-40	30-100	-	20	-	-
奥地利	-	100	20-30	100-120	-	-	20-30	25-30	50-100	-

续表

产品\国家	生产者价格较一般农产品高出的%					消费者价格较一般农产品高出的%				
	蔬菜	谷类	牛奶	马铃薯	水果	蔬菜	谷类	牛奶	马铃薯	水果
瑞士	30–70	40	10–12	50	40–45	40–80	40–50	10	50	50–60
卢森堡	60	100	10	50	60	60	100	10	50	60
德国	50	100	15	200	50	20–100	20–150	25–80	50–100	20–150
比利时	35	65	20	80	–	40	50	30	40	50
意大利	15–20	25–30	15	15–20	15–20	50–220	125–175	20–50	70–130	50–100
荷兰	–	100	10	33	–	20–50	37	98	33	26

资料来源：Von Ulrich Hamm and Johannes Michelsen, "Die Vermarktung von Oekolebensmitteln in Europa," Oekologie & Landbau, 2000 (Vol. 28, No. 1): p. 31–38, Stiftung Oekologie & Landbau。

而表6-3对中国台湾北部地区各类有机蔬菜的产量与价格进行了比较详细的描述，研究显示，49个有机蔬菜样本农户的生产面积为72.49公顷，叶菜类、瓜果类及根茎类的产量分别为134，704斤、33，871斤及19，410斤，分别占总产量的71.7%、18%及10.3%，显示有机蔬菜中以叶菜类产量最多，平均价格则以根茎类最高，平均每斤高达56.7元，主要是山药的单价极高所致；其次为瓜果类40.2元及叶菜类31.3元。与一般蔬菜的产地价格比较，有机农民可获得较高的价格。据资料显示，同年6月的每公斤蔬菜产地价格，叶菜类（共6种品项）介于8–20元间，瓜果类（共7种品项）则介于6–20元间。可知有机叶菜类或瓜果类的产地价格至少是一般同类产品价格的两倍以上。但根茎类品种少且价格差异大，目前资料不足以作为比较的依据。

表6-3 中国台湾北部地区2003年6月份各类有机蔬菜的产量与价格

项目	产量		平均价格（元/斤）
	斤	%	
叶菜类	134，704	71.7	31.3
瓜果类	33，871	18.0	40.2
根茎类	19，410	10.3	56.7
合计	187，985	100.0	35.5
平均每公顷	2，593	—	

而在肥城市，有机蔬菜的收购价格一般要高出普通蔬菜收购价格的15%–30%，农户种植有机蔬菜一般能够卖到好的价格。有机蔬菜与普通蔬菜的市场差价

在销售环节也表现得非常明显,而且产品质量越好,价格差也越大。以菠菜为例,普通菠菜在农贸市场的销售价格为0.6元/公斤,但是出口欧美等发达工业化国家的价格则为10元/公斤。

(三) 有机蔬菜种植与常规蔬菜种植的劳动投入比较

经验研究认为,蔬菜产品单位价值产出所需土地投入只有粮食作物投入的10%–30%,而劳动力需求则是粮食的4–5倍。与常规蔬菜相比,有机蔬菜生产在劳动投入方面要多出许多(详见表6–4有机蔬菜生产与非有机蔬菜生产劳动时间的比较)。这主要是因为,有机蔬菜需要更精确的管理以避免污染和有害生物的危害,从而保证有机农业的完整性。

与常规蔬菜种植相比较,有机蔬菜对劳动力的需求主要体现在以下几个方面:人工除草、翻地、病虫害的人工防治、种子的人工育苗、施肥方法上的特殊要求(即要求深挖以后将有机肥埋入地下而不是原来的洒施)。在病虫害的防治方面,有机蔬菜生产主要以物理防治为主,人工捕抓、黄板诱杀以及较大型的防虫网在其中较多运用。同时,为了保证有机蔬菜生产的适宜温度和土壤酸碱性,必须经常采取人工方法进行调整。尤其重要又比较容易被忽略的环节是,收获季节,必须使用专门的工具进行人工采摘,以防止采摘环节的污染。另外,为了与企业的销售环节相衔接,企业一般实行有计划的播种和收获,这使得有机蔬菜的采摘具有更强的针对性。

表6–4 有机蔬菜生产与非有机蔬菜生产劳动时间的比较

单位:人天/亩

	有机蔬菜生产	普通蔬菜生产
翻地和堆肥(冬春)	18	5
除草	5	2
病虫害防治	10	3
施肥	5	2
采摘	15	10
合计	53	22

数据来源:肥城市边院镇、汶阳镇、王庄镇、安驾庄镇、夏张镇农户调查,2007年12月。

在肥城市,农户家庭人口一般在2–3人,劳动力数量为1–2人,在平时的生产中,种植有机蔬菜的农户依靠自己家的力量就能够完成生产。但是,在蔬菜收获等农忙时节,劳动力雇佣或者是亲朋好友、邻居之间的相互搭伙行为就经常发生。

在样本农户中,一年用于有机蔬菜生产的时间最长为360天,最短的为80天,样本均值为203.66天；农户每天用于有机蔬菜种植的时间最长为14小时，最短的也为1.5小时，样本均值为8.03小时（详见表6-5样本农户有机蔬菜种植时间）。而表6-6对农户农忙时节雇佣劳动力的情况进行了对比分析，研究表明，采纳有机生产方式农户雇佣劳动力的比例为32.7%，没有采纳有机生产方式农户雇佣劳动力的比例为10.7%，这在一定程度上可能表明，有机蔬菜种植的确需要花费种植者较多的时间和精力，有时候甚至需要雇佣劳动力才能满足特殊时期的需求。

表6-5 样本农户有机蔬菜种植时间

	最小值	最大值	均值	标准差
一年种植天数（天）	80	360	203.66	82.72
每天种植小时（小时）	1.5	14	8.03	4.307

数据来源：山东肥城市实地调研（2007年12月-2008年2月）。

表6-6 样本农户农忙时节是否雇佣劳动力

样本农户劳动力（人）	雇佣	不雇佣	合计
采纳户（%）	32.7%	67.3%	153
没有采纳户（%）	10.7%	89.3%	169

数据来源：山东肥城市实地调研（2007年12月-2008年2月）。

在肥城市，不少生产基地采取了封闭式管理的方式，在蔬菜的收获季节，基地周围有很多的农户，主要以家庭妇女为主，年龄在30-50岁之间，一旦基地发出需要用工的消息，她们很容易就能够被雇佣从事有机蔬菜种植的相关劳动，比如翻地和堆肥、追肥、病虫害防治、除草、采摘等等。劳动者中，很少见到年轻人，这是因为当地年轻人如果学习一般，很小就被父母送到县里的技术学校学习焊接等专业技术，高中毕业后就外出打工。

而传统粮食作物，农户需要投入的时间更加少，一般只需在种植和收获的时间投入劳动力，平时并不需要花费太多的时间进行管理。

（四）有机蔬菜与常规蔬菜生产的成本收益对比分析

根据上述讨论，本书以肥城市蔬菜生产中比较典型的四种蔬菜为例，对样本农户蔬菜生产的成本与收益进行综合分析，归纳如下表所示：

表6-7 有机蔬菜与常规蔬菜生产的成本结构比较

单位：元/亩

生产成本	菠菜 有机	菠菜 常规	菜花 有机	菜花 常规	毛豆 有机	毛豆 常规	青刀豆 有机	青刀豆 常规
种子	50.5	32	115.2	103.6	85.2	99.6	25	32.2
有机肥	82.1	0	95.6	0	65.5	0	150	0
化肥	0	52.7	0	162.1	0	115.6	0	175
生物农药	25.6	0	22.5	0	20	0	23.5	0
农药	0	2.2	0	23.2	0	43.5	0	4.5
灌溉	35.6	28.5	40.2	42.6	31.3	34.5	98.5	89.6
其他①	55.6	0	55.6	0	55.6	0	55.6	45.6
劳动力隐性成本②	365.6	302.5	315.8	286.5	255.8	230.5	278.9	225.6
土地隐性成本③	0	600	0	600	0	600	0	600
可变物质成本	249.4	115.4	329.1	331.5	257.6	293.2	352.6	301.3
变动成本	421.2	417.9	644.9	618	513.4	523.7	631.5	526.9
总成本	421.2	1017.9	644.9	1218	513.4	1123.7	631.5	1126.9

数据来源：山东肥城市实地调研（2007年12月-2008年2月）。

表6-8 有机蔬菜与常规蔬菜的成本收益比较

成本与收益	菠菜 有机	菠菜 常规	菜花 有机	菜花 常规	毛豆 有机	毛豆 常规	青刀豆 有机	青刀豆 常规
单价（元/斤）	0.18	0.10	0.83	2.0	0.9	0.6	1.0	0.6
单位（斤/亩）	2800	3000	1600	1500	1000	1200	2000	2200
毛收入（元/亩）	504	300	1328	3000	900	720	2000	1320
可变物质成本	249.4	115.4	329.1	331.5	257.6	293.2	352.6	301.3

① 主要是指有机生产所特有的防虫网、塑料薄膜、专用采摘工具的购置，由于这种设施投入一年四季均可使用，所以本书按照平均数计算。

② 根据笔者调查，当地有机蔬菜种植雇佣日工资为14-20元/天，常规蔬菜种植雇佣的日工资为15-20元/天。

③ 农户种植有机蔬菜，土地租赁给合作社，每年可以获取400-1000元不等的租金，因此，土地的价值得到实现，隐性成本为0；而常规蔬菜生产土地的隐性成本依然存在。同时，有机蔬菜种植收益部分，土地租赁收入不再累计计算。土地租赁收入按照四种蔬菜的加权平均数计算。而农户土地分红收入在样本中非常少，而且，有逐渐减少的趋势，因此，本书在此不再考虑。

续表

成本与收益	菠菜 有机	菠菜 常规	菜花 有机	菜花 常规	毛豆 有机	毛豆 常规	青刀豆 有机	青刀豆 常规
变动成本	421.2	417.9	644.9	618	513.4	523.7	631.5	526.9
净收入（不含劳动力，元/亩）	254.6	184.6	998.9	2668.5	642.4	426.8	1647.4	1018.7
净收入（含劳动力，元/亩）	82.8	-117.9	683.1	2382	396.6	196.3	1368.5	793.1

数据来源：山东肥城市实地调研（2007年12月－2008年2月）。

由上表可以看出，有机蔬菜的生产成本与常规蔬菜的生产成本相差不大。

如果不考虑劳动力隐性成本和土地隐性成本，有机蔬菜生产的成本一般要低于常规蔬菜的生产，比如，菜花、毛豆和青刀豆的生产，也有的有机蔬菜生产成本要高于普通蔬菜生产的成本，比如菠菜的生产。但是，由于我国有机蔬菜生产技术还处于发展的初级阶段，为了防治病虫害，有机蔬菜在生产设施投入方面要多于常规蔬菜的生产，比如，专用大棚设施的投入、黄板等诱杀工具的投入。考虑劳动力成本和土地成本，由以上分析可知，有机蔬菜的劳动力投入要明显高于常规蔬菜的生产，农户对生产投入的多少因人而异，与农户的生产预期以及参与生产的方式也有比较大的关系。而常规蔬菜生产中农药和化肥的投入要高于有机蔬菜生产中有机肥与生物农药的投入。另外，从事有机蔬菜生产的农户家庭，土地价值得到了实现，隐性成本为零，总收益相对提高。

从收益角度进行分析，由于有机蔬菜的价格要高于常规蔬菜的价格，有机蔬菜的效益要明显高于常规蔬菜生产的价值。

因此，在不考虑劳动力投入的前提下，每亩有机菠菜的净收入高于常规菠菜生产70元；每亩有机毛豆的净收入高于常规毛豆215.6元；每亩青刀豆的净收入高于常规青刀豆628.70元；但是，有机春菜花的净收入低于常规春菜花1669.60元，这是因为肥城市蔬菜价格上涨幅度较大，而有机春菜花的收购价格依然保持全年同期的价格所致。如果考虑劳动力成本在内，则每亩有机菠菜的净收入低于常规菠菜生产200.70元，这是因为有机菠菜生产劳动力投入较多，在将农户的劳动力成本考虑在内的前提下，有机蔬菜生产的成本能够通过价格得到补偿；每亩有机毛豆的净收入高于常规毛豆200.30元；每亩青刀豆的净收入高于常规青刀豆575.40元；但是，有机春菜花的净收入低于常规春菜花1698.90元。

（四）有机蔬菜种植户的间接收益——生活环境的改善

在肥城市，有机蔬菜种植确实为农户带来了家庭收入的增长，在调研中，我们亦发现，有机蔬菜种植比较早的村庄，或者与龙头企业关系稳定，有机蔬菜发展比较稳定的村庄，村民的居住条件要好于没有种植有机蔬菜的村庄，人际关系也比较和谐。为了对有机蔬菜生产为他们带来的间接收益进行访谈，在预调查中，我们还专门与55户农户进行了深入访谈，在访谈中，我们直接询问他们，有机蔬菜的生产对于他们来说意味着什么？他们表示，种植有机蔬菜对于他们来说好处不少，一方面，家中土地的价值得到了实现，即使不种植，每年也可以有700-3000元的收入，安全感得到提高；另一方面，至少可以腾出一个劳动力外出打工，而家庭妇女在获得种植收入的同时，可以安心地照顾好家庭。有的户主也留在家中从事有机蔬菜种植，但是在农闲时间，一般会跑跑短途，做些小生意。同时，肥城市农户对技术获取非常重视，对有机蔬菜的发展前景亦充满信心，预期未来收入稳定，在赚钱的同时，还可以学习有机蔬菜的生产技术，成为技术人员，这使他们比较满足。

第四节 参与有机蔬菜协作式供应链对农户收入影响的诠释
——基于多元线性（Multinomial Logit）模型的实证分析

尽管以上对农户有机蔬菜生产的成本与收益进行了简单的比较分析，但是，我们还是有必要对有机蔬菜协作式供应链对农户的影响进行研究。由于农户主要是通过合同收购的方式参与协作式供应链（世界银行，2006），因此，本书以是否参与订单农业作为农户参与有机蔬菜供应链的标准，对供应链中农户订单参与对其家庭每亩纯收入的影响进行分析。

一、农户有机生产投入情况

如上所述，农户有机蔬菜生产投入主要包括有机种子成本、生物农药成本、有机肥料成本、劳动投入，本书主要针对这四项进行了调查，具体明细如下：

1. 每亩种子成本。有机蔬菜生产的种子一般要求是有机种子，样本农户每亩种子的平均成本是108.13元，标准差是156元。

2. 每亩有机肥的成本。样本农户每亩有机肥的成本是43.53元，标准差是38.72元。

3. 每亩生物农药的成本。样本农户每亩生物农药的成本是329.42元，标准差为256.73元。

4. 每亩劳动天数。尽管每亩的种植天数并不好衡量，尤其是在农忙时间和农闲时间有很大的差别，但是由于有机蔬菜对劳动力的特殊需求，有机蔬菜基本做到了"三作三收"或者是"四作四收"，因此，从事生产的劳动者基本是全年参加劳动，农忙和农闲的区别并不是很大，这为本研究提供了较好的分析条件。样本农户中种植有机蔬菜农户的每亩种植天数为85.77天，标准差为82.72，最小值为50，最大值为300。

二、农户订单参与

关于农户订单参与部分，可以参考第五章中的表5-3样本农户订单参与。从表中我们可以发现，在全部322份样本农户中，有机蔬菜种植户总共有153户，占总样本的比重为47.50%。其中没有参与订单生产的为52户，占比为34%，参加订单生产的为101户，占全部有机蔬菜种植户的66%，这表明，在有机蔬菜协作式供应链中，农户生产订单的参与比例较高。

三、研究假设

根据前面的分析，本书提出如下假设：参与有机蔬菜订单生产的农户，才有机会分享高附加值有机蔬菜出口供应链增值所带来的收益，所以农户家庭收入高于没有参加订单生产农户的家庭收入。

四、模型和数据分析

本部分的主要目的是通过调查数据的回归分析来检验参与有机蔬菜协作式供应链对农户每亩纯收入的影响，样本选择全部为从事有机蔬菜种植的农户（不包括仅仅在有机蔬菜基地打工的农户）。多元线性模型构建如下：

$$E(Y) = \beta_0 + \beta_1 X_1 + \beta_2 X_2 + \cdots + \beta_k X_k + U \quad (式6-1), \quad (k=10)$$

称（式6-1）为多元总体线性回归方程，简称为总体回归方程。其矩阵表达式为 $Y = X\beta + U$，其中

$$Y = (Y_1, \cdots, Y_n)^n,$$

$$\beta = (\beta, \cdots, \beta_n)^n,$$

$$X = \begin{bmatrix} 1 & X_{11} & \cdots & X_{k1} \\ \cdots & \cdots & & \\ 1 & X_{1n} & \cdots & X_{kn} \end{bmatrix}$$

$$U = (u_1, \cdots u_n)^n,$$

参数 β 的最小二乘估计量为 $\hat{\beta} = (X'X)^{-1}X'Y$

上述表达式的前提条件是解释变量 $X_1, \cdots, X_k$ 之间不是线性相关，即不存在不完全为0的常数 $c_0, \cdots, c_k$。

根据上述假设，本书对相关的研究变量进行筛选，最后进入模型的自变量主要

有如下 10 个（具体参见表 6-9 自变量的定义和单位）：

表 6-9　自变量的定义和单位

变量	赋值内容
X_1	是否签订生产合同，1 = 签订，0 = 没有签订
X_2	种植有机蔬菜的时间
X_3	户主年龄（岁）
X_4	户主受教育程度（年）
X_5	家庭劳动力数量（人）
X_6	有机蔬菜种植面积（亩）
X_7	每亩有机种子成本（元）
X_8	每亩有机化肥成本（元）
X_9	每亩生物农药成本（元）
X_{10}	每亩劳动天数（天）
U	常数项

本书运用 SPSS13.0 软件对模型进行回归检验，结果如表 6-10：

表 6-10　订单对有机蔬菜种植户每亩纯收入的影响

变量名称	系数 B	标准误差	标准化系数 Beta	参数检验 t	Sig.
户主年龄	73.510	54.194	0.198	1.339	0.186
户主受教育程度	30.292**	52.628	0.31	2.413	0.031
家庭规模	31.346	75.937	0.069	0.419	0.181
有机蔬菜种植面积	0.696**	1.353	0.066	0.515	0.016
有机蔬菜种植时间	3.743	22.212	0.022	1.168	0.267
每亩有机种子成本	0.206	0.196	0.227	0.050	0.158
每亩有机化肥成本	2.162	1.972	0.150	1.096	0.427
每亩生物农药成本	-0.054	0.304	-0.025	-0.177	0.069
每亩劳动天数	0.821**	1.127	0.100	4.728	0.011
是否签订订单	124.626***	172.814	0.094	3.721	0.000

注："***"表示显著性小于 1%，"**"表示显著性小于 5%，"*"表示显著性小于 10%。

回归结果表明 R^2 系数为 0.288，修正的 R^2 系数为 0.356，这表明模型对于样本的拟合优度一般，但模型的 F 统计量为 6.18，F 统计量的临界值亦比较理想，表明模型总体显著性比较高。由表6-10可知,除户主年龄不显著外,其余变量的参数t检验表明,所估计的多数参数可用于分析。下面分别对表6-10中的结果进行分析:

1. 是否参加订单农业对农户纯收入的影响。有机蔬菜种植户参与订单农业与农户的纯收入呈正相关的关系,且显著性强,说明是否参与订单农业对农户的每亩纯收入影响显著。尤其是在有机农产品供应链中,市场与生产地点不在一起,农户只有与企业或者是合作社(村集体)签订订单,才能够获取高附加值有机蔬菜出口的生产机会。

2. 户主受教育程度对有机蔬菜种植户纯收入的影响。从模型的回归结果分析来看,户主受教育程度一项的系数为正,这说明,户主受教育程度是影响有机蔬菜种植户每亩纯收入的重要影响因素。受教育程度越高,户主思想越开放,接受新的生产技术的能力越强,种植出来的有机产品能够更好地满足龙头企业的需求,种植户的纯收入越高。

3. 有机蔬菜种植面积对农户纯收入的影响。有机蔬菜种植面积与农户纯收入呈显著正相关关系,这与预想的分析一致。因为,农户种植有机蔬菜面积越大,越容易获得生产的规模效益。

4. 每亩劳动天数对农户纯收入的影响。由于有机蔬菜属于劳动密集型产业,且典型地区农户的有机生产复种指数一般在3-4之间,因此,有机蔬菜种植户基本上常年进行生产,农忙和农闲的差异性不大。由上述分析可知,每亩劳动天数与农户纯收入呈显著正相关关系,农户投入有机蔬菜生产时间越多,纯收入越高。

案例一 村集体收入增长

DXB村1995年按照公司要求成立合作社,2007年又重新注册成立合作社,合作社与村委会在管理上属于同一套班子,村里的合同都是由村集体讨论决定。

一、有机蔬菜种植与村集体收入增长

村里种植有机蔬菜300亩,均为2007年新增,2008年计划新增500亩,合作的公司主要是YXY公司,村里建了一个土豆加工冷藏厂。300亩有机蔬菜的投入产出主要为生物农药4000元,有机肥96000元,种子和雇工的投入200000元,总产量为800多吨,实现销售收入100万元,扣除现金投入,毛利润为70万元。获得收入后,村里有了一定的财政实力,支付雇工工钱20万元、地租20万元后,留了10万元的村委会管理费用以备来年使用。扣除所有上述开支后,还剩下20万元,经过村集体讨论,将这些资金用于村民急需的路桥建设。

二、入股分红机制

2007年地租一亩地是200元,另外年底分红每亩700元。

在基地劳动力雇佣方面,参加土地入股的社员有优先工作的选择权,工资根据工作量发放,一年付四次,即每年割麦、中秋各付一次,春节全部付清。零工的工钱是20元/每人/每天，割菠菜、毛豆、菜花都是论斤进行结算，菠菜一斤5分，毛豆一斤15元，菜花一斤5分。2006年，平均每人可以得到4000元，2007年预计能达到5000元以上。按照农户的解释，他们更喜欢现在这种方式，因为可以腾出一个人在外面打工。

三、有机蔬菜种植中存在的问题

据村民介绍，1997年经济危机的时候，该村订单被公司取消。他们认为订单合作中最大的问题是合同的价格，有几个基地找公司协商过价格，公司同意商量。按照往年的习惯，一般是种一次菜，签一次合同，合同上只写产量和收购的数量，并不规定价格，1995年定的价格到2007年才开始小幅上涨。违背合同的结果是公司可能终止合同，种的菜卖不出去。

案例二　SD村农户创收案例

一、村基本情况

SD村目前有人口800户，3010人，其中劳动力800人，男女劳动力数量的比例是15∶85，主要是女人留在家里从事有机蔬菜的生产，目前有382户采纳有机的生产方式，其他没有种植有机蔬菜的原因是家里的土地不在基地的范围内。

村里的主要经济作物是小麦、玉米，总耕地数量是3030亩，其中，发展有机蔬菜基地1003亩，采取土地入股的方式，每亩年收入3500元，每亩分红1000元，仅此一项，村集体增加收入每年28万元，人均增收600元。村里近三分之一的人参加了"土地入股"。本村土地股份制改革的具体时间是2003年9月。

合作企业是LL公司，租期一般是一年一定，租金是700元/年，本村有机蔬菜种植的主要模式是"公司+合作社+农户"。

2006年，村里人均收入水平是2800元，家庭收入平均是8000元，收入最低的是1000元，主要收入来源是种地。

二、有机蔬菜协会管理模式

村里成立有机蔬菜栽培协会1个，即SD村LL有机蔬菜合作协会，是由村支部书记发起建立的非营利性社团组织，组建时间为2003年，主要合作企业是LD集团LL公司，为了保证有机蔬菜的真实性，采取统一种植、统一浇水、统一除草、统一施肥、统一防治病虫害、统一收获销售的方式，并进行"四小管理制度"：小段计划，小段包工、小段检验、小段计酬——这种管理模式充分体现了协会在有机蔬菜市场化运作中的作用。

三、农户创收

该村的有机蔬菜大部分实现"四作四收"，有的甚至达到"五作五收"，复种指数得到提高。每亩纯收入比普通种植模式要高出1300元，按照村民的说法是"一亩菜可顶三亩粮"。村集体分红也是农民收入的主要来源之一。

该村的分红模式比较有代表性,分红基本是一年两次,村民切切实实得到了很多的好处,原来土地入股是 800 元,现在 400 元一股都有村民希望能够参加到其中来,但是由于土地不一定符合要求,因此不能入股,这成为村民是否采纳有机生产方式的一大制约因素。分红利润主要包括三部分:股金 800 元(无论是否劳动都有)+雇工收入+年底分红(分红主要是按照协会年收入剩余部分按股金分红,但是存在的问题是有的农户土地好,入了股,平时没有劳动也有利润,这可能会产生不公平的问题)。

2003 年,村民年人均收入是 5000 元,2006 年为 8000 元。该村有机蔬菜发展中存在的问题有两个,一是村民只是作为农场的雇员,这种关系可能会导致村民劳动的积极性不是很高;由于有机蔬菜种植中劳动力耗费较大,二是女性考虑是否需要运输的因素比较多。

第五节 本章小结

通过上述分析,我们得出以下结论:

一、尽管有机蔬菜协作式供应链中的龙头企业倾向于与合作组织或者是大户合作,但是并没有因此将分散的小农户排除在高附加值的有机蔬菜协作式供应链外面。因为,有机蔬菜属于劳动密集型产业,且有机生产必须严格按照生产管理规定操作,对劳动力的需求大,而这是机械化生产所无法替代的,合作组织与大户的有机蔬菜种植依赖小农户完成,小农户可以以被雇佣和自雇两种身份参与有机蔬菜的生产。

二、通过当地比较典型的菠菜、菜花、青刀豆和毛豆有机与常规生产成本与收益比较分析可以发现,一般情况下,有机蔬菜生产的成本要低于常规蔬菜生产的成本,同时由于有机蔬菜销售价格要高于常规蔬菜的销售价格(特殊情况除外),有机蔬菜生产比常规蔬菜生产能够使农户更多受益。而且,有机蔬菜种植农户相比较普通种植户,创收途径更加多元化并相对稳定:一方面,有机蔬菜种植户可以以土地资本入股,享受年底的分红,使土地的隐性成本降低,价值通过货币的形式得到实现;另一方面,农户收入稳定,信息搜寻的代价和时间成本都得到降低,农户家庭可以有更多的时间安排非农就业。

三、通过多元线性模型的回归分析,我们发现,有机蔬菜协作式供应链中,是否签订订单对农户家庭纯收入影响显著,并且农户参与订单的程度越高,获得的纯收入越多。另外,龙头企业的加工能力有限,约束了更多的农户参加到与高附加值相联系的有机蔬菜出口供应链中。

第七章　国问：从有机农业到中国的食品安全

第一节　中国食品安全的发展阶段

"民以食为天",每天一觉醒来,吃饭是必不可少的。中华人民共和国成立以来,中国社会经济发展经历了物质短缺到追求精神文化生活的阶段,党的方针也指出,"当前我国的主要矛盾是人民日益增长的物质文化需要同落后的社会生产力之间的矛盾"。中国社会经济发展的每个阶段都有自身的特点。从食品安全的视角进行分析,中国的食品安全一波三折,主要经历了以下三个阶段:

第一阶段,1949-1978年,物质短缺时期。新中国成立后,百废待兴,中国内忧外患,尤其是1958-1962年,"大跃进"时期,中国人民面临的主要问题是基本的温饱问题,填饱肚子,是每个居民每天要面对的问题。这个时期并不存在食品安全的问题。

第二个阶段,1979-2000年,改革开放初期。这个时期具体可以分为两个阶段,一是1978-1992年,安徽小岗村由村集体领导的统分结合的家庭联产承包责任制揭开了改革的序幕,人们的思想开始活跃,追求更好的生活,多干多得,少干少得,不干活者没有收入来源。这个时期生活水平还不高,满足温饱是人民的基本需求,食品安全问题基本没有。这个时期,比较大的特点是指令计划,"票"是物质分配的主要方式和手段,所有东西都要凭票购买,粮票、油票、布票,等等。就连自行车购买,也要车票;二是1993-2000年,有计划的市场经济阶段。前国家领导人邓小平在"南巡"讲话中提出"不管白猫还是黑猫,抓到老鼠就是好猫"。这个阶段,人们的思想进一步放活,实行计划经济和市场经济双轨制,财政收入分配制度由"低收入、低分配、低工资向高收入、高分配、高工资"转变,经济增长,物质开始丰裕,人们不仅能够满足基本的生活需求,还有余钱存放在金融系统,逐步摆脱了物质短缺的苦恼,开始由普通食品追求绿色食品。银行效益增加,功能也得到了较大提高,中间业务拓展迅速,曾经有段时间银行职能甚至超过了财政的职能。这一时期,食品安全问题并不显著。

第三阶段，2001-现在，中国经济高速发展阶段，食品安全问题凸显。进入21世纪后，尤其是2001年11月，中国加入世界贸易组织后，中国经济迅猛增长。但是，也正是在这个阶段，食品安全问题变得越来越突出。2002年，阜阳大头娃娃事件爆发，在全国掀起了对奶粉行业信用危机的探讨。与此同时，有机农业与有机食品开始进入中国并进入快速发展的阶段，有机食品在中国市场逐年扩大。虽然有机食品在中国的发展还处于不断尝试与发展的阶段，中国有机食品的消费在世界有机食品消费中所占比例还不大，但从趋势进行分析，却是增长最快的。有机农业作为解决环境问题和食品安全问题、提高弱势群体收入的途径成为专家学者推崇的重要方式之一。

在这个阶段，比较突出的问题是，生产者的生产意愿明显大于消费者消费的意愿，而其中，制约消费者消费的重要因素之一是对于有机食品真实性的忧虑，价格高于普通食品（包括无公害食品和绿色食品）数倍的有机食品真的有厂商宣传得那么好吗？在中国，北京、上海、广州这样的超大型城市是目前中国有机食品消费的主要地区。有不少年轻人，尤其是年轻的母亲，在超市购物中，倾向于选择有机食品，而主要原因之一在于中国食品安全问题正变得越来越严峻，他们接受新事物的能力比较强，愿意为自己的孩子选择有机食品。目前，有机奶业在中国有机食品中所占比重正呈现增长趋势，其消费群体主要是婴幼儿，他们并没有能力辨别食品的好坏，只是食品的被动接受者。而其购买者主要是他们的妈妈，即年轻的女性。另外，在国外的消费者中，环保、动物福利志愿者等倾向于购买有机食品。因此，对消费者意愿的调查在食品安全研究中是一个重要的分支，如果这个问题不能得到很好的解决，中国的有机食品在国内的发展是值得人深思的；与此同时，有机食品的供应者，即厂商也看到了这种商机，但是，还是有不少厂商顾虑上述原因，他们一致认为中国的有机消费市场还不成熟，因此，他们更愿意开拓国际市场，尤其是以欧洲、美国、日本为代表的发达国家市场。而厂商的选择，对于处于供应链最上游的农户的生产选择无疑将产生重要影响。

第二节　中国食品安全的监管难题

中国食品安全问题现在已经成为高悬在我们头顶上的"达摩克利斯之剑"，政府监管不力将为以后社会的稳定、人民幸福指数的提高带来一系列的难题。学者们认为，目前食品安全问题的存在虽然在短期内表现并不是很明显，但是对民众未来的健康很有可能带来安全隐患，即"现在吃得痛快，20年后将带来不少的痛苦"。目前，政府正在向这个方向不断努力，2009年6月1日，《中华人民共和国食品安全法》正式实施，该法涵盖了从农田到餐桌的整个食品生产、消费中所有环节及所有参与者的行为规范，其最大的亮点是成立新的监管部门，来对食品安全问题进行监管，解决以往"八个部门管不了一头猪"的问题。然而，透视新的食品安全法，笔者认为，当前我国的食品安全问题还存在如下的问题：一是违法者违法成本太低。《中华人民共和国食品安全法》规定："食品生产经营者应当依照法律、法规和食品安全标准从事生产经营活动，对社会和公众负责，保障食品安全，接受社会监督，承担社会责任。"法规明确了一旦发生食品安全问题，谁是第一责任人，但是法规对于违法者的违法罚处上限为商品价值额十倍以下或十万元以下。这样的处罚与违法者的违法收入所得相去甚远，这在潜移默化中形成的理念是违法可以以较小的成本获取较大的收益。而在国际上，对于违法者一般都要处以较高的罚金，罚款金额之高对于违法者足以产生比较大的威慑和震撼作用，使之不敢"越雷池半步"。二是要不断增强生产者和消费者之间的透明度，减少信息不对称，使得生产者的生产更多地接受消费者和广大公众的监督。这个问题的解决，也是当前各方努力的方向，比如，我们后面将要谈到的"农超对接"、北京的"小毛驴"模式、生产基地采摘、教育园区的建设等等。三是继续深入加强我国的食品安全监管体系和法规的完善。明确各部门之间的职责和分工，真正将食品安全的监管落实到相关的执法部门并赋予其一定的权利，使之有能力对所发生或将要发生的食品安全问题进行处罚。由此可见，要切实解决中国的食品安全问题，在法规建设方面应该不断加大违法者违法成本，使之不敢违法。国外诚信体系的完善，在很大程度上促使潜在违法者自我约束，不敢违法，从而在一定程度上减少了违法事件的发生。这些好的做法在一定程度上都值得我们学习和借鉴。

第三节 中国有机蔬菜发展中面临的主要问题

尽管中国有机食品市场是国际上公认的增长较快的行业，但回顾我国有机蔬菜的发展，我们发现土地、劳动力、价格（订单价格和销售价格）、生产技术、生产加工企业生产能力、市场开拓等多种因素都成为制约我国有机蔬菜产业发展的关键因素。

一、土地流转机制不畅

土地是有机农业发展中绕不开的基本要素。首先，由于有机蔬菜不能施用农药化肥，而现在农业不用农药化肥基本是少之又少。因此，要发展有机蔬菜，需要土地的集中连片，从而与其他普通蔬菜的种植形成隔离，形成好的生产环境；其次，土地集中连片的模式直接关系到农户收入是否能够实现稳定的增长。在当前的模式中，拥有土地的农户优先享有在有机蔬菜种植园被雇佣的权利以及基本的土地租赁收入。另外，拥有土地的农户能够优先享有国家所给予的良种补贴，从而获取稳定的收入来源。在多种背景的影响下，土地流转问题成为有机蔬菜产业甚至其他较多产业发展的重要制约因素之一，并对小农户参与高附加值的全球价值链以提高收入产生重要的影响。

《中共中央关于推进农村改革发展若干重大问题的决定》指出：按照依法自愿有偿原则，允许农民以转包、出租、互换、转让、股份合作等形式流转土地承包经营权，发展多种形式的适度规模经营。土地流转改革的顺利推进，不仅关系到地区经济的持续快速发展，而且关系到我国各民族的团结进步和共同繁荣。在中国经济转型背景下，尤其是工业化、信息化、城镇化、市场化、国际化深入发展的新形势下，土地合理流转对于农村改革、现代农业发展和经济发展方式转变，具有重要现实意义和作用。笔者认为，当前土地流转中存在的主要问题如下：

（一）土地非农化补偿标准不合理

总体而言，土地非农化流转主要包括三个方面：一是农用地转变为城市国有土地。这种土地流转在城市市郊和各类经济技术开发区集中的地区比较明显，而且往往伴随着土地的所有权由农民集体所有转变为国家所有。二是农用地转为非农建设用地。这种土地流转虽不涉及土地的所有权，但涉及农用地耕作层被破坏，在一定时期内不可恢复或永远不可恢复的问题。所以它不是单纯的用途变更而是土壤性质的改变，这需要管理的核心——土地用途的转变。这里流转的方向主要是乡镇企业、乡（镇）村公共设施及公益事业、农村村民住宅等乡（镇）村建设用地。三是农用地转为小城镇用地。这类土地流转主要是在中国城市化的进程中，伴随着中小城市的发展而发展的。综上所述，无论何种流转方式，均是由城市化、工业化的推进所导致的农村土地非农化，而这一过程中存在的主要问题是补偿标准太低和农户得到的补偿太少。据孔祥智（2008）对浙江、海南、山西、内蒙古的调查研究，农户愿意接受的补偿标准平均值为 79278 元，而农民实际得到的补偿标准仅为 16402.5 元，仅为农民补偿意愿的 20.69%。无论是政府补偿标准太低还是地方政府、村集体截留土地征用补偿款，都会激发干群关系紧张，导致农民对地方政府和村干部的不信任，进而阻碍农地的非农化流转。

（二）地块细碎

农户间土地流转的原因主要有两个，一是外出务工农民没有时间、没有能力耕种，又不想放弃土地，不得不主动出租，收取一定的租金。这种土地流转主要是在亲戚朋友之间流转，解决不了地块细碎的问题，这种流转很难实现规模经营。二是种植大户或村集体为了实现规模经营，发展农业产业化，从事经济作物的生产，主动承包土地，这种土地流转能实现土地的规模经营，解决土地地块细碎的问题。而民族地区农业经营在户均土地规模较小的情况下,又将有限的土地划分成不同的地块,呈现出"零散化经营"的态势。特别是进入20世纪90年代以来,受到自然条件、经济发展环境演变等多种因素的影响,不少欠发达地区一方面人地矛盾空前紧张,另一方面不少农村土地要么受到大量的侵蚀,要么耕地大量抛荒弃耕,农民对土地投入的积极性明显下降。尽管农户具有较强的规模化经营意愿,但现实中土地流转规模很小,尤其是多年生经济作物,租入土地经营的农户占比很小,大多属于亲戚间的小规模流转,根本无法实现大规模经营。因此,土地"零散化经营"的态势成为制约包括有机农业在内的现代农业发展的瓶颈。

(三) 当前土地流转机制对包括有机农业在内的现代农业发展产生一定的制约作用

2007年,中国人口约13亿,城市化率约45%,根据政府相关规划,到2020年,中国总人口约14.6亿,城市化率将达到55%。按照上述数据测算,到2020年,需要增加170亿平方米新增用地以满足城市化高速发展的需求,而这些土地依赖于农村土地的供给和流转。国务院发展研究中心农村部部长韩俊也指出,目前农村土地变性问题比较突出,即先把整个农村纳入城市建设规划区,把农村集体土地全部转为国有土地;或者随意改变土地产权关系,"拿土地换身份"、"拿土地换社保"。这些问题的存在使得农户长期利益难以得到保障。

土地流转不仅包括土地非农化流转即土地由农村向城市的流转,也包括农村社区内部的土地流转,即农户与公司之间以及农户与农户之间的土地资源流转。土地流转机制的不完善、不灵活,对包括有机农业在内的现代农业发展以及小农户收入的增长均产生了一定的制约作用。首先,土地非农化必将造成农村土地要素的流失,人均土地经营规模将下降。然而,过于强化农户的小规模经营,也不利于农业的规模经营和现代农业技术的采纳,对现代农业的发展将会产生抑制作用;其次,在土地非农化过程中,如果伴随着相应的农民市民化,那么农村人均土地经营规模有可能保持不变,这对现代农业的发展影响不大,如果没有伴随农民市民化,将强化发展现代农业的规模约束,不利于现代农业的发展;第三,土地流转主要是亲戚朋友间的土地流转,即农户外出务工导致的土地小规模流转。这种土地流转多数是小规模的土地流转,不可能实现土地的连片经营,解决不了土地块数太多、分布太散的问题,但一定程度上可以提高农业生产资本设备的利用率,提高农民的市场参与意识和市场谈判能力,对包括有机农业在内的现代农业发展有一定的促进作用,当然效果显然不如农业产业化公司与种养大户主导的土地流转,即公司或种养大户从规模经营的角度,通过租赁手段将周围土地流转集中,实现大规模经营。尤其是交易双方之间缺少规范的流转合同或契约对彼此的责权利进行规定,容易造成土地承包关系的紊乱,可能会为日后的土地纠纷留下隐患。

另外,目前中国农村金融与土地之间也产生了密切的关联。当前,中国农村金融已经对农村形成倒逼机制,这也是由金融"嫌贫爱富"的本性决定,与农村相比较,城市的大工业、大企业一方面需要金融资本,另一方面对贷款的偿还具有比较多的优点,这样,农村金融就好比一个抽水机,一方面吸收农村的资金,而另一方面又把筹集的金融资本大量源源不断地运往城市。从农民角度看,虽然农民发展农业生产有大量的融资需求,却因为没有抵押物得不到信贷支持。而《物权法》出台后,土地的价值在这个过程中也得到进一步的体现,宅基地和农地承包权,依照目前现行法律都不能进行抵押。如何将农地用以抵押,使土地价值不断得到升值,就成为与农村金融、农村改革与发展有密切关系的新课题。

二、劳动力不足严重制约了有机农业的发展

当前农村比较突出的问题是劳动力不足,大量优秀青壮年劳动力都流向了城市,农村劳动力不足的问题比较突出,"386199"部队在中国农村比较普遍,即留守在农村的主要是妇女、儿童和老人,也就是说原来劳动力充裕甚至存在大量剩余劳动力的农村现在面临劳动力严重不足的问题,尤其是优秀劳动力的缺乏。而有机农业的种植虽然相比较普通农作物的种植收入高,但是有机农业对劳动力、资金、土地等生产要素投入的要求都高于普通农作物。比如,有机农业要求施用的是有机肥,与化肥相比,这项就要求投入较多的劳动力。又比如,有机种植业要求采取更多的天然方法除害虫,在生产技术方面导致黄板等物理技术在绿色、有机农业领域的广泛运用,这在一定程度上也导致了人工劳动力投入的增加。而生产成本的上扬势必使得有机种植方式进一步失去它的发展优势。以下是因为生产成本高而导致有机蔬菜种植失败的案例。

案例:生产成本高,DSQ 桥村种植失败

DSQ 村里共有 216 户,699 人,该村的最大特点是土地贫瘠,靠近山区,土地不平整、质量不高,农业用水的成本要高出其他种植有机蔬菜的地区。本村 2006 年开始种植有机蔬菜,采取的方式主要是集体承包的方式,承包 60 亩地,亏本 2 万元;2007 年改为村干部承包,收支基本得到平衡,但是他们表示工钱每人每天 15 元,雇佣劳动力成本太高,在一定程度上加大了经营的成本。平均计算下来,一年下来,工钱基本达到 600 元/亩,返租倒包的租地费是 500 元/亩,种植的品种是黄秋葵,收购单位主要是 JH 食品有限加工厂,销售价格是 0.85 元/斤。有不少村干部原来承包了一些有机蔬菜基地,但经营一两年以后都全部退掉了。总结 DSQ 村有机蔬菜种植失败的原因,主要有如下几点。一是村里土地不平整,找不到大的地块,企业不愿意合作,因此,只种了一季,企业就不与村集体签订生产合同了。二是受地形地貌制约,灌溉用水成本高于其他地区。三是企业对农户利润的挤压比

较大。该村有机蔬菜运送的方式主要是由大户运输到JH,村民普遍反映,企业扣秤导致农户利润空间在一定程度上被压缩。四是承包户与村集体的关系还需要进一步理顺。五是劳动力明显不足。和中国普通农村一样,该村绝大部分青壮年劳动力外出务工,劳动力严重短缺成为该村有机蔬菜种植失败的重要原因之一。该村目前有300人在外打工。

三、订单价格成为制约农户收入提高的重要因素

订单价格是否合理直接关系到农户收入的提高与企业经济效益的增长。虽然,据不完全统计,在中国,包括有机蔬菜在内的有机食品的价格明显要高出普通食品3-9倍,但是,当前形势下的突出问题在于,一方面是销售端销售价格奇高,消费者为了自己和家人的食品安全而不得不支付高昂的价格;另一方面,从事有机蔬菜种植的小农户并没有能够从中获取更多的好处。调研中有的农户甚至表示,有机蔬菜的价格有时候还不如普通蔬菜价格。很明显,最大的受益者在于联系田头和餐桌中间的厂商和中介机构。从农户的视角来看,订单价格成为制约小农户收入提高的重要因素。

第四节 有机农业发展是解决中国食品安全的有效途径之一吗?

目前,中国的有机农业方兴未艾,正处于高速的发展阶段。但是,有机食品一是必须树立自己的公信力,二是必须有自己合理的价格。就公信力而言,传统的做法主要是有机认证,而中国认证市场鱼龙混杂,管理还不够规范,有的机构只要给钱就发证,这从长远来看,对于整个市场都是有害的。三是价格,一般国际市场上,有机食品的价格只是普通食品价格的120%-160%,但是,在中国市场上,有机食品的价格是普通食品价格的3-9倍,这就使得有机食品成为高端消费产品,而将普通消费者拒之门外。另外,尽管有机食品在零售端销售的价格高昂,但是农户并不能从中获取较大的益处,即厂商收购有机食品的价格只略高于普通食品价格。因此,在中国有机食品发展中,真正能够获益的是厂商和零售商,形成"中间大、两头小"畸形发展的特点。

要快速地通过有机农业的发展解决中国的食品安全问题,全国供销总社正在全国推行的"农超对接"模式、北京的"小毛驴"模式、食品可追溯系统以及食品安全控制体系在目前都是比较被认可的。这些模式不仅可以加强食品安全监管,减

少流通环节所带来的信息不对称问题，而且可以为上游的农户带来稳定的订单和收入增长。

一、"农超对接"模式

"农超对接"，指的是农户和厂商签订意向性协议书，由农户向超市、菜市场和便民店直供农产品的新型流通方式，主要是为优质农产品进入超市搭建平台。"农超对接"模式的提出是我国农产品流通适应全球发展趋势需要的新发展。全国供销总社副社长赵显人2009年在接受《经济日报》采访时也指出，"在发达国家，连锁超市已成为农产品流通的主要渠道，在美国，农产品从基地直接采购的比例超过67%，在欧洲，家乐福、麦德龙等国际零售业巨头的生鲜农产品80%以上来自农产品基地。目前，我国已具备了发展'农超对接'的有利条件和市场基础"。传统农产品供应链，包括厂商（农场主）、农户、供应商、销售商，涉及环节较多，带来一系列的问题，一是可能会产生农业丰年农户亏损的现象，主要是中间环节获益较多；二是食品安全的问题。在这种供应链中，链接各环节的主要是利益关系，供应链各环节都有可能为了自己的利益而做出违规违法的行为或者由于缺少提高食品安全的动力而在无意间导致食品的污染。"农超对接"模式主要是针对传统供应链的弊病而提出的。在这种供应链中，超市与农场之间的联系更加紧密，双方为了长期的合作关系，而尽可能减少违约。另外，我国"农超对接"模式更多地采取高科技的手段，与信息化相融合，通过科技的运用，在一定程度上也起到了减少农药化肥施用、加强食品安全监督管理的作用。

二、"小毛驴市民农园"模式（简称"小毛驴"模式）

"小毛驴"模式近年来在北京发展较快，逐步得到了北京市政府的认可。"小毛驴"模式的提出实际上是一种非常纯朴的思想，即便在现在，在北京的街头小巷，还经常可以看到郊区的农户赶着马车带着农产品进城销售，而且这种产品还非常受市民欢迎。其潜在含义就是，消费者对食品安全的考虑。他们潜意识中认为，农户自己赶马车带来的是农户自己种植的农产品，是没有打农药化肥的绿色安全食品。源于这种思想，小毛驴的倡导者提出建立会员制，入会的会员可享有相应的权利，即由农场直接供应安全绿色食品，同时会员要履行相应的义务，比如缴纳会费等等。小毛驴市民农园的运营模式有两种：一种是农园每周为会员配送有机蔬菜，预购了蔬菜份额的人家，每周可以去农园自取，也可以去指定的配送点取，还可以要求配送入户；另一种是会员需每周到农园参与劳动，租用小毛驴30平方米的单位地块若干，自己管理并收获有机蔬菜，小毛驴农园提供应季种植的种子、有机肥料、水、技术指导。前者叫配送份额,后者叫劳动份额。①"小毛驴"模式与"农超对接"模式相比,共同的特点是减少供应链环节,将生产和消费直接联系起来;所不同的是,"小毛驴"模式属于民间自发组织起来的,其经营完全是市场化运作。在这种模式下,消费者可以自己直接参与农产品的生产和监管;"农超对接"模式更大程度上属于政府主导的,有政府信用作为强有力的支撑,属于生产者与消费者风险共担的一种短链模式,具有一定的导向作用,优点在于既可以获得政府财政、政策等多项支持,同时又比较好地加强了食品安全监管。

三、食品可追溯系统

食品可追溯系统的提出,迎合了食品安全监管的需要,满足了食品安全法的规定,近年来发展较快。尤其是国际上食品事件频发,比如欧洲疯牛病、口蹄疫乃至席卷全球的禽流感事件,不断敲响食品安全的警钟。食品可追溯系统充分利用了现代信息技术的优势,即在食品上面贴上标识码并建立相应的网站,通过小小的条形码建立起生产者和消费者之间的联系,减少信息不对称,从而加大违约的成本。消费者只要在有关网站上输入食品的标识码,就能够对食品"从田头到餐桌"的全程监管进行全面了解。这种可追溯系统在有机食品中使用相对较多。以有机奶牛的养殖为例,小牛自出生后就给它在耳朵上戴上"耳环"(即条形码),每天或者每次生产环节的重要时刻及时进行扫码,录入计算机系统。这样,当消费者拿到相关物品后,上网查找就可以全程掌握整个生产流程,比如,这头小牛的出生信息、每天是如何生活的,每天喂养了什么饲料、屠宰后的运输等等。即消费者对于自己消费的产品能够掌握比较全面的信息。但是,可追溯系统适合大型的物品,如果是生鲜蔬菜,要具体量化到每颗菜,无疑会增加相应的执行成本。另外,可追溯系统在运用早期需要较大的投入,这在一定程度上也会增加企业的经营成本等等。这些问题的存在对于食品安全的监管又提出了新的问题。

四、食品安全控制标准体系

近年来,为了改善食品安全问题,加强食品安全监管,中国在食品工业企业中采用的标准主要可划分为三大类:第一类是综合性管理体系,比如 ISO9001 质量管理体系标准、OHSAS18000 职业安全健康标准、ISO14001 环境管理体系标准;第二类主要是用于产品终端质量控制的标准和技术规范,如无公害食品、绿色食品、有机食品标准,QS 质量安全市场准入标准;第三类主要是用于食品产业链的安全预

---

① 陈立宪,《有机食品生产的新模式——小毛驴模式》,http://blog.sina.com.cn/s/blog_48f3ae2b0100s74d.html

防和保障体系,如危害分析和关键控制点体系标准(Hazard Analysis Critical&Control Point HACCP)、良好操作规范标准(Good Manufacturing Practice GMP)、良好农业种植规范(Good Agriculture Practices GAP)等。HACCP 体系是国际上公认的食品安全标准体系,于 20 世纪 80 年代中期得到普遍关注,加拿大、澳大利亚、新西兰、丹麦、巴西等国强制性推行 HACCP,取得比较好的效果。HACCP 中文翻译为"危害分析和关键控制点"体系,是一个以预防为基础的食品安全生产、质量控制的保障体系,由食品危害分析(Hazard Analysis,HA)和关键控制点(Critical Control Points,CCPs)两部分构成。HACCP 体系是在产品生产过程中进行控制的方法,目前已经被世界卫生组织(WTO)和联合国粮农组织向该组织的成员国推荐,要求成员国逐步建立起基于 HACCP 的食品安全标准体系。在我国,主要在肉类、水产品类产业强制推行。但是,HACCP 体系最大的问题是其只对加工过程进行监督,而无法对食品安全的源头进行控制。比如该体系控制肉类的加工,从加工过程保证食品安全,但是对肉类的生产过程其无法实施监管。

GMP 是一套适用于制药、食品等行业的强制性标准,GAP 则是以 HACCP、可持续农业和持续改良农场体系为基础,避免农产品在生产过程中受到外来物质严重污染的标准。GAP 的实施有助于我国农产品国际市场竞争力的提高。

第五节　如何实现多赢：兼顾政府、企业、消费者与农户

一、政　府

2004 年"胡温新政"以来,"三农"问题成为新一届政府的主旋律。2004 年中央一号文件为《中共中央国务院关于促进农民增加收入若干政策的意见》,开始提出增加农民收入的主导思想;2005 年一号文件为《中共中央国务院关于进一步加强农村工作提高农业综合生产能力若干政策的意见》,坚持"多予、少取、放活"的策略;2006 年 2 月,中共中央、国务院下发《中共中央国务院关于推进社会主义新农村建设的若干意见》,坚持统筹城乡经济社会发展,扎实推进社会主义新农村建设,促进农民持续增收,改善社会主义新农村建设的物质条件。这一年最大的特点在于全面取消农业税;2007 年"一号文件"名为《中共中央国务院关于积极发展现代农业扎实推进社会主义新农村建设的若干意见》,提出"工业反哺农业、城市支持农村"的思想。这种思路的提出是出于国家的全面战略需要。在社会

主义建设初期，百废待兴，国家财力有限，当时国家发展战略主要是通过"剪刀差"的方式，将农业部门的剩余转移到工业部门，通过制度的设计发展工业。现在，中国城市和城市聚集的工业部门均已有了长足的发展，再转过来扶持落后的农业部门发展，通过这种方式，实现工业部门和农业部门的全面富裕；2008年"一号文件"名为《中共中央国务院关于切实加强农业基础建设进一步促进农业发展农民增收的若干意见》；2009年"一号文件"名为《中共中央国务院关于2009年促进农业稳定发展农民持续增收的若干意见》。文件提出28点措施促进农业发展与农民增收，其中包括较大幅度增加农业补贴，建立土地承包经营权流转市场等措施；2010年的"一号文件"名为《中共中央国务院关于加大统筹城乡发展力度进一步夯实农业农村发展基础的若干意见》，提出了"稳粮保供给、增收惠民生、改革促统筹、强基增后劲"的二十字基本思路方针。这一时期国家把改善农村民生作为调整国民收入分配格局的重要内容。上述7个中央一号文件的核心思想都在于农民收入的持续增长与现代农业的发展。2011年中央一号文件虽然与农民收入增长没有直接的关系，但是其核心在于农田水利设施的建设，与现代农业的发展亦有非常密切的关系。从以上文件的梳理中，我们不难发现，农民收入稳定、持续的增长与环境问题都是本届政府高度关注与重视的问题。而两者的结合点之一是中国有机事业的发展，通过有机产品相应供应链的延伸，带动更多的农户加入对高附加值全球价值链的共享。

二、企业与农户

与此同时，中国经济高速增长，每年GDP增长基本都达到8%以上，人民口袋充裕，有机食品的发展亦朝气蓬勃。在多种因素的影响下，厂商都看到了农业发展的机遇，建立生态庄园，发展有机安全食品成为企业的一种不错的选择。相关研究亦表明，安全农业目前已经成为私募股权资本关注的重点领域并且早就有所布局，比如，青云创投投资总监左林坦言："从2003年、2004年开始，有机农业就是我们主要关注的7个领域之一。现在为止投了5家企业，比预计的还要多，都是跟农业相关的。包括到去年我们投的多利农庄，是做有机蔬菜的种植和配送。"又比如，天图创投也有一些农业项目，如在新疆投资的一个种植项目、北京的一家有机食品企业。[①] 周边环境的变化为发展有机农业的企业提供较好的发展机遇，企业在有机农业的发展方面有了好的合作空间，只要项目好，资金方面相对充裕。在发展模式上，企业一般兼顾会议、教育、采摘、旅游等多项功能于一体，比如，北京蟹岛的前店后场模式、上海的郊区旅游模式等等。

---

① 《食品安全给农业创机会，资本早已布局安全农业》，《新闻晨报》，2011年6月14日。

(一) 北京蟹岛绿色生态度假村前店后场模式

蟹岛位于北京朝阳区，靠近首都机场，采取"前店后场"的模式。所谓"前店后场"主要是指前面主要是经营餐饮、会议、娱乐，后面经营农场，直接将生产者与消费者的距离减少到最近的距离。消费者还可以亲自参观后场的农场，亲眼看到蔬菜、水果的每个生产过程，并可以体验采摘的乐趣。调查过程中，我们也到农场进行了参观与调查。农场离我们消费的娱乐场所并不远，坐车10分钟左右就可以达到，而且有专车定时定点进行接送。我们乘车如期到达农场，里面有不少的农业大棚，每个大棚按照不同的产品品种分开种植，每个大棚门口都有非常详细的记录。这样即使你没有种植，也能够知道每种蔬菜的种植时间、种植过程中是否施药、次数等具体信息。初次见到这些农作物的生产，对于生在城市、长在城市的人而言，也是一种非常快乐的事情。采摘员告诉我们，我们在前面店里吃的蔬菜、水果，大部分由农场提供，保证了客户吃得安全、吃得放心。而之所以取名蟹岛，也是因为其采取的是稻田养蟹的生态模式，让螃蟹在稻田中养殖，使农作物与动植物构建生态循环圈，遵循大自然自己的生产模式。

另外，除了能够看到自己吃的食品是如何生产出来的这种体验外，教育基地的建设也是厂商在不断思考的问题。而前店模式的开发，则更多与娱乐、会议经济相融合。蟹岛在会议接待方面已经具有较好的能力，并实现产业化的经营。而为了不断扩大市场，农场所生产出来的产品也在前店进行销售。对于客户来说，看得到的安全，除了自己带些回家吃以外，也愿意多买些，送给亲朋好友。与此同时，蟹岛绿色生态度假村的经营者还不断探寻在北京以外市场的开拓，比如，企业在内蒙古翁牛特旗等地陆续建立了自己的生产基地，以扩大生产，减少经营风险。市场能力的提高，又进一步提高了农户的收入，形成生态庄园与农户、消费者的多赢局面。

(二) 上海都市农业开发模式

1. 都市农业

都市农业（Urban Agriculture 或 Agriculture in City Countryside）的概念，是20世纪五六十年代由美国的一些经济学家首先提出来的。它是指在都市化地区，利用自然生态及环境资源、田园景观，结合农村文化及农家生活、农林牧渔生产、农业经营活动，为人们休闲旅游、体验农业、了解农村提供场所。其主要定位在特大型国际化城市地区即都市区域范围，既是城郊农业发展的一种高级形式，又有别于城郊农业，它特别强调其生态效益、社会效益和经济效益的统一。都市农业目前在北京、上海这样的大都市发展比较快。

上海与北京一样也是超大型的都市，随着经济的发展和居民收入的提高，如何能够吃得安全、玩得轻松又有意义就成为时尚的上海人不断追求的目标。在经济学中，经济人会在工作与休闲之间做出选择。当生活水平比较低时，经济人会将更多的时间用来工作，以换取面包、货币；而当收入增长到一定阶段的时候，经济人会倾向于休闲。除了工作以外，休闲度假成为忙碌的上海人考虑的问题之一。尤其是近年来黄金周、双休日时间的增加。但是，如果到较远的地方去，时间比较仓促，而且也容易疲劳。在这样的背景下，如何开拓郊区资源，集旅游、教育、食品安全于一体的盈利模式就成为现代企业家考虑的问题。而企业盈利模式的开拓给郊区的农户带来了较多的收入增长。由于与我们的主题关系不是很密切，所以，我们作一简单介绍。

2. 食品安全

遵循有机食品生产、认证等一系列要求，进行有机产品的生产，比如有机黄瓜、有机西红柿等农作物的生产。在工程建设前期，首先进行有机土壤的"脱毒"，即普通有机食品都要求进行有机转换，三年之内不能施用农药、化肥，而是使用有机肥料。而且为了保证生产出来的产品不受到周边环境、空气、水源的污染，在地址选择上，有机生态庄园一般建设在远离都市的郊区。这可能会给企业的经营带来一定的运输成本，但是，这是企业经营的基础。除此之外，加强有机农作物的日常监管也是非常重要和关键的环节。在这个环节则要更多地运用农业技术手段进行监管，比如，为了满足有机食品不能施用农药、化肥的要求，同时又达到防止虫害，保证有机食品美观、口感好、产量高的要求，利用黄色粘贴板来诱杀害虫已经成为比较成熟的农业技术得以在广泛的范围内进行推广。这项技术不仅运用在有机食品中，在绿色、无公害食品的生产中也得到了比较广泛的运用。

3. 教育

现在的儿童较多远离农村，不清楚农作物和动植物是如何养殖、生产出来的，他们所看到的，都是电视、电脑中描述的，而不是亲身体会的。因此，在生态庄园建设上，可以考虑将生态庄园与教育实验基地的建设联系在一起。通过参观实验基地，让市区学校学生亲身到休闲农场参观，鼓励父母陪同。通过观察蔬菜生产、果树种植等方式，增长见识、扩大视野、认识农村，同时达到亲子互动与城乡交流的目的。另外，在实验基地的建设方面，可以将现代信息化充分运用到实验基地的建设，学生可以采取领养认种的方式，每个人2－3亩，具体根据基地的建设情况进行合理规划。每天的日常种植、维护与管理等工作主要由基地的工作人员来完成，这样学生自己在家里通过互联网就可以随时看到自己认种的蔬菜的生产全过程。在周末或者平时节假日，又可以由父母陪同前往基地，自己亲自为蔬菜、水果施肥，增加劳动体验的乐趣。

4. 旅游

旅游项目的开发也是生态农业庄园开发不可缺少的部分，可以结合周边旅游景点同时实现一站式旅游，在线路上进行规划和优化，这样可以增加游客旅游的动力和乐趣。与此同时，旅游景点的开发应该更多与绿色、环保、生态的主题相结合，赋予游客更多的收获，一次旅游能够集美食、食品安全、娱乐等多功能于一体。

5. 会议经济

会议经济毫无疑问是生态庄园开发模式的主题之一。

而这些项目的开发对于郊区分散的农户而言,实际上是一种利好的发展趋势,赋予农户更多的工作机会。以北京为例,目前,北京郊区有比较多的此类项目得到了很好的开发和利用,并给周边的农户提供了比较多的就业、创业机会。在我们的调研中,感受最深的是,在当前城市人口有序流动的现代经济背景下,随着中央政府对"三农"的重视,越来越多地人员开始考虑返乡创业,"离土不离乡"再次成为不少人士,尤其是中青年的优先选择。

三、消费者

随着居民温饱问题的解决和转轨经济体制下中国食品安全问题的不断出现,吃什么、怎么吃已经成为中国消费者必须面对的问题。同时,这也是世界消费者在不断思考的难题之一。之所以近年来国外消费者越来越多地选择有机食品,食品安全的考虑是非常重要的因素之一。学者亦关注到如上问题的存在,并开展了大量的研究,关于消费者购买意愿的研究成为研究的重点区域。比如南京农业大学经管学院的周应恒教授就从食品安全的角度对消费者的意愿进行了分析,其发表在《中国农村经济》上的《食品安全:消费者态度、购买意愿及信息的影响》一文根据对南京市消费者进行的抽样调查数据,采用描述性统计和项目交叉分析方法,在把握我国消费者食品安全认知状况,测度消费者对食品安全购买意愿的基础上,验证了强化食品安全信息可以提高消费者的购买意愿。文章主要采取了 WTP(Will To Pay)方法,分阶段进行抽样。第一阶段,对南京市苏果超市进行分层抽样,第二阶段采取立意抽查的方法,通过调查员的判断选择目标消费者,就消费者最关心的食品安全问题、总体评价等进行分析,对获得信息后消费者的支付意愿进行了对比分析,作者最后认为,中国消费者对食品安全状况的评价不容乐观。另外,在这样的背景下,高端消费群体逐渐进入专家学者的视野。高端消费群体具有比较强的消费能力,与普通消费者相比,具有超前的消费思想,属于特殊群体。有学者认为,对于企业而言,20%的收入来自于80%的付出,这部分群体主要是普通消费者;80%的收入来自于20%的付出,这部分主要是高端消费群体。而在高端消费群体中,妇女又是主要的高端农产品的消费群体。北京市还专门针对有机食品的消费群体进行了全面的调查,以发现有机食品真正的消费市场到底是怎样的情况。在中国,有机食品的消费群体主要聚集在北京、上海、广州等超大型城市,他们一方面接受了有机产品这个概念,但同时又对有机食品表示怀疑。有机食品主要成为团购单位选择的对象,在一定程度上束缚了有机农业产业的发展。

四、农　户

近年来，中央一号文件已经反映出党和政府对于农民的长期关心和支持。农民作为弱势群体，在新中国成立以前，一直过着"面朝黄土、背朝天"的艰难生活，是生活在最底层的群体。新中国成立以后，中国农民的社会地位首先得到了显著改善，成为国家的主人。但是，长期以来的城乡二元体制无疑将农民再次与土地紧紧的捆绑在一起。农民进城感觉是非常光荣的事情，农民只能种田。1978年改革开放，以家庭为基础的家庭联产承包责任制的实施则将农民的积极性进一步充分调动起来，农业生产力得到极大释放。1978－1984年农村改革为农民收入增长带来了强大动力，农民人均纯收入由133.57元增加到355.33元，增长2.66倍，年均递增17.71%。1985－1990年，农民收入缓慢增长，农民人均纯收入由1985年的397.6元增长到1990年的686.31元。20世纪90年代，户籍制度松动，束缚在农村的剩余劳动力开始有序流动，离土不离乡是这一时期的主要特点，在这个时期，也经历了农业增收、农民收入反而低迷的特殊阶段。1997－1999年，农民收入增幅连续四年持续下降。进入21世纪，尤其是中国加入世界贸易组织和以胡锦涛为中心的新一届政府成立以后，农村人口开始大量加速向城市转移，并形成梯度转移，即由农村流向城镇，由城镇向中小城市流动，由中小城市向大城市和超大型都市流动。打工收入逐渐成为不少农业家庭的主要收入来源，同时，农民收入来源呈现多元化的发展特点。尤其是2004年以来，农户收入持续稳定增长，2007年，我国农民人均纯收入达到4140元，比上年实际增长9.5%。如果说农户收入增长是中国特有的问题，那么关于贫困与反贫困则是世界性的问题。中国为世界反贫困做出了突出的贡献。中国是世界上最大的发展中国家，中国人口占世界总人口的22%左右。在20世纪80年代初，我国是世界上贫困人口最多的国家，按照世界的贫困标准（一天一美元）以及购买力评价（PPP）估计，中国的贫困人口总数达到了6.34亿，占总人口的三分之二，中国的贫困人口总数占世界贫困人口总数的43%。[①] 改革开放30年来，生活在一天一美元以下的贫困人口减少了5亿，贫困发生率从1979年的63%下降到目前的不到10%。[②] 2011年7月，《中国农村扶贫开发纲要（2011—2020）》明确要求，"十二五"时期扶贫开发工作将把基本消除绝对贫困现象作为首要任务，集中连片特困地区成为我国新时期扶贫攻坚的主战场。2011年11月30日，中央扶贫工作会议召开，将国内扶贫线按照2010年农户人均纯收入的标准调

[①] 数据来源：Shaohua Chen and Martin Ravallion (2008) "The Developing World Is Poorer Than We Thought, But No Less Successful in the Fight against Poverty".

[②] 汪三贵，《在发展中战胜贫困——对中国30年大规模减贫经验的总结和评价》，《管理世界》，2008年第11期。

高到 3500 元，使受惠人群大幅度增加。

　　与此同时，中国有机农业开始与世界体制、市场接轨，并形成规模和规范化发展格局。有机农业开始得到各级政府的重视，并成为政府实施产业扶贫项目的抓手之一。在这个阶段，农户收入和社会地位都得到了较大的提高。新农村建设如火如荼，尽管也经历了不成熟的摸索阶段，但无疑与以前相比，有了比较大的变化。城市与农村之间单向流动的格局逐渐向双向流动转变。有不少在城市获得技术或者是挖到了第一桶金的农户开始回乡创业，之所以有这样的选择，是因为，大家都看到了农村广阔的天地以及与城市相比，农村与城市的差距正在逐渐缩小，优势正在逐步显现。相关研究表明，1978 年至 2007 年，我国农民人均纯收入由 134 元增加到 4140 元，农民收入实现稳定增长。

第八章 选择：中国的有机事业与农民收入增长

第一节 扶贫还是收入持续增长？

贫困与反贫困问题一直是世界性的难题。尤其是近些年来，全球贫困人口数量呈现持续增长的趋势。世界银行在2000年12月发表的报告中指出，虽然全球化背景下，各国的经济条件都有不同程度的改善，但是在20世纪90年代，发展中国家平均实际人均收入的增长幅度还不到1%，仍然有28亿人口每天的生活费不足2美元，其中有12亿人口几乎入不敷出。[1] 作为世界上最大的发展中国家，中国的贫困问题也依然备受关注。1994年，美国学者莱斯特·布朗（Lester Brown）写了一篇文章《谁来养活中国？》（Who Will Feed China），声称中国人口基数比较大，按照现有的世界粮食生产能力，中国自己生产的粮食不能够满足本国的需要，势必出现粮食短缺，进而造成世界性的粮食危机。这篇文章发表后，在国内被称为"中国威胁论"，引发众多争议。因为事实是中国的粮食不仅能够满足本国公民消费的需求，而且有能力为世界粮食消费做出重要的贡献。这个问题引发的思考比较多。中国为世界的反贫困问题做出了突出的贡献，尽管中国贫困人口总数较大，但是最早实现联合国《千年发展目标》贫苦人口减半指标的国家。世界银行对中国扶贫工作所取得的绩效给予了充分的肯定。

目前，通过有机事业的发展进行扶贫也是世界银行对发展中国家进行有效援助的方式之一。比如，世界银行在中国比较多的地区实施马铃薯开发扶贫项目，通过项目的实施带动农户加入全球高附加值的供应链。之所以选择绿色、有机马铃薯项目作为中国扶贫项目的原因是多方面的，一是贫困地区多处于山区，土地贫瘠，进行农业种植没有太多的天然优势，但是比较适宜马铃薯的种植。马铃薯用途广泛，加工以后适宜储藏，加工效益高，能够为农民带来比较高的经济效益；二是这些地区环境污染少，适合进行有机农产品的种植，生产出来的农产品符合有机认证的要

---

[1] 数据来源：世界银行：《世界银行发展报告2000/2001》，北京：中国财政经济出版社，2001年

求；三是世界银行希望以某一个或某几个项目为抓手，将食品安全问题、小农户收入增长问题以及组织问题实现比较好的衔接。尤其是有机蔬菜和水果的种植属于劳动密集型的生产，与粮食种植相比较，单位附加值高，也需要更多的劳动力的投入。相关研究表明，与种一亩水稻相比，种一亩苹果所投入的人力要高出三倍，种番茄或种黄瓜要高出五倍。种一亩玉米的净收入是185元人民币，种小麦是115元，水稻是279元，苹果为985元，番茄是1717元，黄瓜是1172元。而且，种植如大蒜之类的蔬菜可以提供长时间的就业，因为一年中的大多数时间都可根据需要有规律地供货。[①] 尤其是，《中国农村扶贫开发纲要（2011–2020）》正式颁布后，包括南疆三地州、武陵山区在内的14个集中连片特困地区的概念逐渐清晰，世界银行对这些地区的贷款和产业扶贫项目也会有所倾斜。

那么，有机农业的发展究竟是扶贫还是农户收入持续增长的手段呢？可以肯定的是，有机农业的发展与今天全球环境的变化、消费者对食品安全的高度关注息息相关，是创收的途径之一。政府介入主要是以扶贫的方式介入，推动起来有力度，容易看到成效。企业在推动有机农业发展的时候，也看到了这种创收的机会，但是以企业的身份介入，企业顾虑比较多，会更多考虑市场是否成熟、企业发展机会等多种因素。据调查，目前，已经有不少企业在以综合模式发展有机农业，比如北京郊区有不少企业在从事有机农业的发展。但是，考虑到有机市场还不规范，比如，有机认证市场鱼目混珠、有机产品真假难辨，企业更多地倾向于国际市场的开拓，而对于国内市场还处于观望的阶段。而小农户要从事有机事业，不仅需要有超前的意识，更重要的是需要有良好的发展环境，只能在政府、企业、大户的带动下，才能够以较低的成本进入，分享这种高附加值的全球价值供应链。

从以上的分析可以看到，由于有机产品的价格高于普通产品较多，属于高附加值的产品，同时有机产品有着广阔的发展空间和巨大的市场潜力，作为保障食品安全、提高农户尤其是小农户收入的有效手段，有机产品不仅得到了消费者的青睐，也成为世界银行、中国政府部门产业扶贫的重要抓手之一。目前，有机产品的消费群体主要在美国、日本、欧洲等发达国家。尽管有机农场目前主要分布在澳大利亚、美国等国家，但是，亚洲等发展中国家聚集的地区都看到了有机产品的商机，在大力发展有机产品。在众多因素的推动下，有机产业正逐渐成为全球食品行业中增长迅速的行业之一。另外，随着中国在世界经济格局中地位的提升，中国国内市场已经被看做是最有潜力的消费市场，按照国际贸易的基本理论，各国都基于自己本国的比较优势参与国际分工。如果选择通过贸易的方式进行供应，无疑会增加运输的成本，提高产品的价格，产品生产国的国际竞争力明显降低。缩短生产者与消费者之间的距离，降低交易成本，成为不少相关外资企业优先选择的战略模式，生态农业、环保农业、有机农业也成为众多的风险投资家在新形势下优先的选择。目

---

① 世界银行，《中国水果和蔬菜产业遵循食品安全要求的研究》，北京：中国农业出版社，2006年。

前，在北京、上海等超大型都市的周边有不少企业正在从事有机农业的生产和经营。这些环境因素的变化无疑为中国的小农户加入高附加值的全球农产品供应链并提高收入提供了很好的契机。

第二节 主要结论

食品安全问题已经成为当代人不能够回避的现实，迎合时代的发展，有机农业成为新的朝阳产业。有机蔬菜协作式供应链是有机农业发展中出现的新问题，是核心企业提高企业竞争力的关键所在，小农户能否参与与高附加值国际市场相关联的有机蔬菜协作式供应链，对于他们的收入增长具有重要意义。肥城市有机蔬菜主要是以出口工业化发达国家为主，属于典型的协作式供应链。通过对典型地区的深入调研并结合经济学分析，本书总结归纳如下：

一、有机农业社会综合效益高，其产业化发展有助于我国现代农业的建设

尽管有不少学者认为，有机农业属于舶来品，大力发展有机农业，可能会带来中国的粮食危机，但是，肥城市有机蔬菜产业发展的实践表明，有机农业只要发展得好，能够带来比较好的社会综合效益。

有机蔬菜产业得以快速发展与自然环境、社会经济环境和制度环境分不开。在自然环境方面，肥城市土地肥沃，空气、水土都符合有机农业发展的特殊要求；在社会经济环境方面，肥城市是全国综合实力百强县、县域经济基本竞争力百强县和中小城市综合实力百强县，同时也是传统农业县，主要以传统粮食作物和蔬菜种植为主，从事有机蔬菜种植具备比较好的基础；从制度环境来看，近几年来，肥城市政府一直将有机蔬菜产业作为"高产、优质、高效"的农业产业结构调整的抓手来发展，为当地有机蔬菜产业的发展提供了充足的准公共品服务，为其发展提供了适宜的土壤。

有机农业产业化发展对于我国现代农业的建设意义重大，以市场化为主要特征的协作式供应链在一定程度上改善了农产品尤其是果蔬产品的质量安全。

二、农户是否采纳有机生产方式是影响有机农业产业发展的关键所在

农户是否采纳有机生产方式直接决定了有机农产品的有效供给。通过对肥城市

农户的实证研究，笔者发现，农户是否采纳有机生产方式的影响因素主要受外部环境、有机农业生产技术属性、农户家庭内在因素和家庭对未来收益的预期等综合因素的影响。尽管地方政府对有机蔬菜产业非常支持，但是外部环境因素并不是农户采纳有机生产方式的关键因素。主要影响因素是户主的受教育程度、户主的种植意愿、是否获得过专业技术培训以及农户与农民经济合作组织的关系等。

三、有机产品的自然商品特性、中介组织的制度创新与供应链纵向协作合约信誉的建立是有机蔬菜协作式供应链中农户与企业契约关系稳定的重要影响因素

在有机蔬菜协作式供应链中，龙头企业与农户之间的契约关系比较稳定，主要在于无论是龙头企业还是种植户都是"经济人"，都以追求自身利益最大化为目标。由于有机蔬菜生产基地与消费市场的分离，交易双方具有较强的互补性，为了降低交易成本，双方都尽可能地减少违约的几率，并随着重复博弈的成功实现，合约信誉逐渐建立并在其中发挥重要的作用。而这种合约信誉的建立是交易双方契约稳定的重要原因，对于有机蔬菜产业链的稳定发展尤为重要，是一份具有很高价值的资产。

四、从事有机生产的农户经济效益比常规种植户要高，主要是因为农户得到更多的机会参与有机生产，并通过订单的方式安排非农生产，同时家庭土地价值得以实现

通过当地普遍种植的菠菜、菜花、青刀豆和毛豆有机与常规生产成本与收益的比较分析，研究认为，农户从事有机蔬菜生产的经济绩效主要体现在以下三个方面：首先，有机蔬菜种植户的土地收益得到了现金实现；其次，小农户可以从有机蔬菜的溢出价格中获益；再次，供应链中契约关系的稳定，降低了农户的交易成本，有助于农户合理地安排非农生产时间，从而间接地提高农户家庭的收入。

通过多元线性 Logit 模型的回归分析，我们发现，是否签订订单对于农户家庭纯收入影响显著，即参与有机蔬菜协作式供应链的农户家庭纯收入高于常规蔬菜生产的农户。

五、小农户可以以被雇佣和自雇的方式参与果蔬协作式供应链，因此，并不会因为果蔬协作式供应链的出现而被排除在供应链之外

一般研究认为，为了保证特殊产品的质量，贸易和加工企业倾向于与大户、中介组织合作，小农户很有可能会被排除在外。但是，通过对肥城市有机蔬菜协作式供应链的深入分析，笔者认为，有机蔬菜有其自身的自然商品特性，在相应供应链中，企业与农户之间相互依赖性更强。因此，与常规果蔬协作式供应链不同，从事

有机果蔬生产的小农户可以通过被雇佣和自雇的多元化低成本方式参与相应有机生产，并不会因此被排挤在外。

六、有机农业的发展为农户尤其是小农户经济收入增长提供了可行的方式之一

有机农业的发展能够帮助贫困的弱势群体加入高附加值的全球价值链并分享其收益，有机食品的发展有助于中国食品安全问题的改善。但是，首先需要改进的是监管体系，对有机食品行业的发展而言，真实高效的有机认证体系的建设是不可缺少的。

第三节 政策建议

一、完善供应链管理

基于上述研究结论，本研究认为，有机农业和相应的新型供应链在中国的发展壮大并不是偶然因素作用的结果，而是有其发展的必然规律。有机农业中国本土化的过程，是该产业适应发展的多种条件不断完善的过程。作为新型的农产品供应链，有机蔬菜协作式供应链的各个环节，包括生产、加工、销售、贸易、消费都有其自身的特点，但各部分之间又是密不可分的整体。有机蔬菜协作式供应链运行的主要目的就在于整个供应链效率的提高，而这种自组织的实现有赖于供应链各环节之间的有效合作与衔接以及各方面相应政策的调整和制度设计。仅仅从生产与加工环节的制度完善来看，政府可以采取以下策略：

（一）创新有机农产品产业组织形式，提高有机蔬菜供应链中的农户组织化程度

从国外农业产业链的运行实践来看，"农民经济合作社"在其中发挥了非常关键的作用，也是一种非常有发展前景的组织。研究结果亦发现，当前有机蔬菜供应链中的农户合作经济组织主要是根据企业基地管理的需要而建立的，这种组织建设的背景是"村企合作、实现双赢"，由此，可能导致村集体与龙头企业之间的利益联结相比较农户更加紧密。有机蔬菜合作社"联合图强、保护农户利益"的主导目的没有得到完全充分的实现。因此，应该通过县域性质或者是市区性质农户经济合作组织的建立，提高农户与龙头企业谈判的能力，使小农户在利益分配中获取更多

的收益。

（二）发挥龙头企业的核心作用，开拓有机农产品的国际国内市场，发挥规模经济的功效，为小农户的生产和增收提供更多的可实现途径

在有机农产品供应链中，龙头企业的核心作用不可缺少，它们一般有较强的综合实力，可以带动链中其他成员，对物流、信息流、资金流进行优化整合，实施供应链管理。地方政府要加强与龙头企业的沟通，发挥核心企业的资本优势、信息优势，不断开拓新市场，提高企业的生产加工能力，通过加大加粗产业链，带动更多的小农户加入高附加值的全球市场，分享供应链的平均利润。

（三）引导龙头企业与农户之间建立长期稳定的契约协作关系

21世纪的竞争已经成为供应链管理竞争的新时代。我国有机农产品供应链要在激烈的国际竞争中获胜，必须发挥供应链的整体效应。这需要供应链中各节点之间的长期密切合作，通过将外部性内部化，降低交易成本和交易费用。通过龙头企业与农户之间长期战略合作伙伴关系的建立和有效激励机制的完善，提高有机农产品供应链的整体绩效，为我国农户收入的增长和企业的可持续发展提供可行的途径。

（四）完善有机农业生产技术服务组织体系的建设，加强有机农业的推广和宣传

有机生产技术作为准公共品，是当前农户采纳有机生产方式中遇到的主要难题，尤其是对于有机蔬菜业而言，很多时候，靠天吃饭在其中占据了比较大的比例，一旦遇到自然灾害或者是虫害，很有可能导致小农户风险加大。因此，政府应该准确定位于有机农业产业发展中准公共品的提供，加大有机农业科技公共服务体系的建设，加大有机农业生产技术的推广，帮助小农户通过有机生产方式采纳，融入全球价值链体系中，提高收入和生活水平。

二、土地有序流转

土地是现代农业发展的基本生产要素。土地的有序流转是有机农业相关产业得以健康发展的基本因素之一。

（一）依法监管非农化流转，保障有机农业相关产业发展的土地支撑

目前由于农村土地产权界定不明晰，村集体拥有土地所有权，村民拥有土地的使用权、收益权等权益的现象普遍存在，部分地区村集体甚至存在"少数人控制"的现象，亦有人提倡要实现土地的私有化。加之城镇化、工业化对土地需求日益扩

张，导致部分地区土地非农化流转规模日益扩大，严重影响了农业的正常生产经营。因此，需要加快我国农村土地政策向国家立法的转化，尽早制定《农村土地承包经营权流转法》是农村土地流转法制建设的关键。在《农村土地使用权法》基础上，对土地流转进行国家立法，是当前把"土地流转"纳入法制建设轨道的首要任务。在完成土地流转的国家立法和相关法律、法规修订的基础上，还要进一步完善土地流转的相关配套法规建设，特别是应当对土地流转方式、流转程序、流转后的权利与义务、流转监管机构和流转的法律责任作出明确而具体的规定。与此同时，还要加强土地流转的政府执法监督机构建设，做到执法必严，转换经济发展模式，并采取措施严格监管土地的非农化流转，提高土地的集约化水平，防止土地资源的浪费和随意征用。在政策的具体贯彻落实上，表现为保障基本农田数量，守住18亿亩红线，防止农村耕地的私有化和过度非农化流转，规范土地非农化的审批程序，保障农民的参与权和收益权，引导并促进土地流转向着合理化、可持续性的方向健康发展，为现代农业的发展提供坚实的土地支撑。

（二）强化土地流转的政策支持，完善农村基本保障制度，全面消除现代有机农业发展的根本阻碍

针对各地的经济发展状况，国家应积极建立土地流转的财政和金融支撑体系，对转包农民土地较多、规模化经营强的农民专业合作社、种植大户和龙头企业，在项目、资金上给予扶持。目前在不少地区，土地依然是大部分农民就业、生存保障和社会福利的唯一依靠。所以，进行土地流转机制创新，就要积极而稳妥地推进农村社会保障制度改革。只要有了良好的社会保障制度，农民对土地的依赖性就会降低，土地流转就会加快。因此，首先，建立农村最低生活保障制度，使农民不再必须依靠土地收获物供给其基本生活资料，不再以土地收入作为维持最低生活水平的主要手段，农村土地的"社会保障功能"将会一定程度地被削弱，这对于贫困的民族地区和处于弱势地位的小农户尤其重要。其次，进一步完善农村医疗保障制度，使所有农村居民得到基本医疗服务，进一步弱化农民对土地的依赖性。再次，完善农村社会养老保险制度。采取家庭养老和社会养老保险相结合的模式，最终实现城乡一体的社会养老局面，这样随着城乡差别的消除，彻底解除农民离开土地的后顾之忧。总之，只有从根本上消除黏着在土地上的各种附加物，才能最终解放农业劳动者，而劳动者的解放不仅能极大促进农业生产力的发展，而且也将根本改变旧的生产关系，由此推动经济发达地区现代有机农业的全面发展。

（三）扶持种养大户租入土地，实现欠发达地区有机农业现代化规模经营

在适度规模经营方面，我国欠发达地区的土地制度普遍存在投入不足的问题。而改革开放后，农村涌现出了一大批农业种植大户和种植能手，特别是随着中央税

费改革的推进和农业补贴力度的加大，农民的种植积极性空前提高。虽然农业比较利益较低，但在大规模经营下，随着农产品价格的提高，大规模种植的收益势必越来越高。种养大户和专家能手租入土地进行大规模经营的意愿是有的，为了将这种意愿转变为实际行动，政府应该采取政策扶持、贷款扶持、技术扶持、信息扶持等政策措施帮助种养大户解决现实问题，鼓励其租入土地耕种。而一旦实现了农业土地向种植能手的集中，农业技术的采纳程度、农业生产装备水平、农业的市场化水平、产业化水平、信息化水平都将得到迅速提高。另外，与农户间土地的自由流转不同，以种养大户为核心的土地流转，可以提高农业的组织化水平，缓解目前农村"人才流失"对包括有机农业在内的现代农业发展的人力资源约束，鼓励有才能的农业技术专业人员到农村租地，进行大规模种植经营，将欠发达地区的新农村建设成农业技术人员的创业园区。

与此同时，由于外流农业专业技术人员在城市工作时间较长，接受新事物的意识、能力以及市场意识、品牌意识和商业意识都较强，而且经过多年的积累，也有一定的技术和资本基础，吸引其回乡创业，可以将农业作为一个产业进行全方位的经营，并对农业生产、加工、销售全过程进行标准化管理，亦有助于提高农产品质量，发挥欠发达地区特色产业的优势，提升农业竞争能力，实现其由传统农业向现代农业的转变。因此，地方政府一方面应该制定激励措施，鼓励农户在自愿的前提下将闲置在家或粗放经营、撂荒弃耕的土地拿出来进行合理的流转，提高土地的产出效率和当地农户的收入水平；另一方面，应该制定一定的优惠政策鼓励、扶持种养大户、专家能手扩大经营规模，实现农业的规模化经营，从而进一步促进现代农业技术的采纳与扩散以及农业市场化、信息化、组织化水平的提高。

三、加大食品安全监管力度，规范有机认证市场

"民以食为天"。食品安全问题是一个国家社会经济发展到一定阶段的产物，是政治、经济、文化多种问题纠结的表现，加强食品安全监管对于处于经济转型的中国无疑意义重大。首先，要进一步提高食品安全违法的成本，要高到使违法者望而却步，不敢以身试法。这部分内容在第七章已经有所介绍，本部分不再重复；其次，要规范有机认证市场。现有有机认证市场鱼目混珠，使得有机认证失去了其真正的意义，有机产品在群众心目中的公信力进一步下降。要通过有机认证市场的规范，真正对中国有机市场的健康发展起到推波助澜的作用；最后，要培育成熟的有机国内市场，通过合理的价格、真实的市场留住顾客，培养起消费者对有机产品的忠诚度，不断完善和提高有机农业的生产技术，通过市场的成熟吸引更多的企业转向国内有机市场，使其发展与国际接轨，从而带动更多的小农户参与到与高附加值紧密联系的全球价值链中来，通过有机农业的健康稳定发展为中国食品安全提供可行的有效途径。

参考文献

1. Arset et al. (2004). European consumers'understanding and perceptions of the "organic" food. British Food Journal, 106, 2/3, 93 –105.

2. Alfons Oude Lansink; Kyosti Pietola; Stefan Backman (2002). Efficiency and productivity of conventional and organic farms in Finland: 1994 –1999. European Review of Agriculture Economics 29 (1) pp. 51 –65.

3. Andrew D. Foster; Mark R. Rosenzweig. Learning by doing and learning from others: human capital and technical change in agriculture. The journal of political economy, vol. 103, no. 6. (dec., 1995).

4. Arbindra p. Rimal (2005). Agro – biotechnology and Organic Food Purchase in the United Kingdom. British Food Journal 1072.

5. Bass, T., Markopoulos, R. & Grah, G. (2001). Certifications impacts on forests, stakeholders and supply chains: instruments for sustainable private sector forestry series. London: International Institute for Environment and Development.

6. Barkema A. Reaching Consumers in the twenty – First Century: The Short Way around the Barn. Amer J Agr Eecono75. 1993, P1126 –1131.

7. Bonti – Ankomah (2006): Organic and conventional Food: A literature Review of the economics of consumer perceptions and preferences.

8. Brian, H. and David B. (2000). Demands for local and organic produce: A brief review of the literature, A report of the Kew Valley Project for Environmentally Identified Products

9. Buck, D., C. Getz, and J. Guthman (1997). From farm to table: The organic vegetable commodity chain of northern California. Sociological Rurally 37: 3 –20.

10. Cadihon, J. J.; Moustier, P.; Poole, N. D.; Phan Thi Giac Tam; Fearne, A. P. Traditional vs. modern food systems? Insights from vegetable supply chains to Ho Minh City (Vietan). Development Policy Review. Blackwell Publishing, Oxford, UK: 2006. 24; 1, 31 –49 ref.

11. David Goodman and Michael Goodman (2001). Sustaining Foods: Organic Consumption and the Socio – Ecological Imaginary, Social Sciences, Volume 1, pages

97 – 119.

12. Den Ouden M. , A. A. et al. Vertical Coopertiation in Agriculture Production – Marketing Chains, with Special Reference to Product Differentiation in Pork, Agriculture, 12, 1996, p277 – 90.

13. Dicken, P. (1998) . Global shift: Transforming the world economy. New York: Guilford Press.

14. Duncan Knowler, Ben Bradshaw. Farmers' adoption of conservation agriculture: A review and synthesis of recent research. Food Policy 32 (2007) 25 – 48.

15. Elizabeth C Dunn (2003) . Trojan pig: paradoxes of food safety regulation, Environment and Planning A, volume 35, p1493 – 1511.

16. E. Baecke and G. Rogiers. the supply chain and conversion to organic farming in Belgium or the story of the egg and the chicken. British Food Journal; 2002; 104, 3 – 5.

17. Gibbon, P. (2001a) . Upgrading primary production: A global commodity chain approach. World Development, 29 (2), 345 – 363.

18. Grunert, G and Juhl, H. J. (1995) . Values, Environmental attitudes and buying of organic foods. Journal of Political Economics. 80 (2): 223 – 255.

19. Grossman, M. (1972) . On the concept of health capital and the demand for health. Journal of Political Economy. 80 (2): 223 – 255.

20. Hui – Shung Chang and Henry W. Kinnucan (1991) . Advertising, Information, and Product Quality: The Case of Butter, American Journal of Agriculture Economics.

21. Henderson, J. E. , Dicken, P. , et al. (2002) . Global production networks and the analysis of economic development. Review of International Political Economy, 9 (3), 436 – 464.

22. Julie Guthman (2004) . Back to the land: the paradox of organic food standards, Environment and Planning A, volume 36.

23. John M. Crespi and Stephan Marette. How should food safety certification be financed? American Journal of Agriculture Economics. 83 (4) (Number 2001): 852 – 861.

24. John A. List and Jason F. Shogren (2002) Calibration of Willingness – to – Accept, Journal of Environmental Economics and Management 43, 219 – 233 Lee.

25. Karen Klonsky and Laura Tourte. Organic Agriculture Production in the U. S. : Debates and Diretions. American Journal of Agriculture Economics 80 (Number 5, 1998): 1119 – 1124.

26. Krystallis and Chryssohoidis (2005): Consumers' willingness to pay for organic food: factors that affect it and variation per organic product type, British – Food – Journal. 107 (4/5): 320 – 343

27. Kelly B. Maguire, Nicole Owens, and Nathalie B. Simon (2004). The Price Premium for Organic Babyfood: A Hedonic Analysis. Journal of Agriculture and Resource Economics 29 (1): 132–149.

28. KS Pietola; AO Lansink. Farmer response to policies promoting organic farming technologies in Finland. European Review of Agricultural Economics 28 (1) (2001) PP. 1–15.

29. Luanne Lohr. Implications of Organic Certification for Market Structure and Trade. American Journal of Agriculture Economics 80 (Number5, 1998): 1125–1129.

30. Luanne Lohr and Timothy A. Park (2003). Improving Extension Effectiveness for Organic: Current Status and Future Directions. Journal of Agriculture and Resource Economics 28 (3): 634–650.

31. Gereffi, G. & Kaplinsky, R. (2001). The Value of Value Chains. Special Issue of IDS Bulletin, 32 (3).

32. Gereffi, G. & Korzeniewicz, M. (Eds.) (1994). Commodity chains and global capitalism. Westport CT: Greenwood Press.

33. Georgia Shearer, Daniel H. Kohl, Diane Wanner, et ac. Crop production costs and returns on Midwestern organic farms: 1977 and 1978. American Journal of Agriculture Economics 2001

34. Marian Garcia Martinez, Felipe Banados, Impact of EU organic product certification legislation on Chile organic exports, Food Policy 29 (2004) 1–14.

35. Maki Hatanaka, Carmen Bain, Lawrence Busch, Third–party certification in the global agrifood system, Food Policy 30 (2005) 354–369.

36. Mighell R. L. et al. Vertical Coordination in Agriculture. USDA–ERS AGEC Report 19, 1963.

37. Monia Ben Kaabia, Ana M. Angulo, José M. Gil (2001). Health information and the demand for meat in Spain, European Review of Agriculture Economics, Vol 28 (4). pp499–517.

38. Msafiri Mbaga and Barry T. Coyle. Beef Supply Response under Uncertainty: An Autoregressive Distributed Lag Model. Journal of Agriculture and Resource Economics 28 (3): 519–539.

39. M.–J. J. Mangen, A. M. M. C. M. Mourits. Epidemiological and economic modeling of classical swine fever: application to the 1997/1998 Dutch epidemic. Agricultural Systems 81 (2004) 37–54.

40. Nicholas E. Piggott and Thomas L. Marsh (2004.2). Does Food Safety Information Impact U. S Meat Demand? American Journal of Agriculture Economics.

41. Oliver Masakure. Why Do Small–Scale Producers Choose to Produce under Con-

tract? Lessons from Nontraditional Vegetable Exports from Zimbabwe World Development Vol. 33, No. 10, pp. 1721 – 1733, 2005.

42. Patricia Allen and Martin Kovach (2000). The capitalist composition of organic: The potential of markets in fulfilling the promise of organic agriculture, Agriculture and Human Values 17: 221 – 232.

43. Ponte, S. (2002b). Brewing a bitter cup? Deregulation, quality and the re – organization of coffee marketing in East Africa. Journal of Agrarian Change, 2 (2), 248 – 272.

44. Paul Thiers. Using global organic markets to pay for ecologically based agricultural development in China. Agriculture and Human Values (2005) 22: 315.

45. Raynolds, L. T. (1994). Institutionalizing flexibility: A comparative analysis of Fordist and Post – Fordist models of third world agro – export production. In Gereffi & M. Korzeniewicz (Eds.), Commodity chains and global capitalism (pp. 143 – 161). Westport, CT: Prayer.

46. Raynolds, L. T. (2000). Re – Embedding Global Agriculture: The International Organic and Fair Trade Movements. Agriculture and Human Values 17 (3): 297 – 309.

47. Raynolds, L. T. (2004). The Globalization of Organic Agro – Food Networks, World Development Vol. 32, No. 5, pp. 725 – 743.

48. Roddy, G., Cowan, C. and Hutchinson, G. (1996). Consumer attitudes and behavior to Organic foods in Ireland. Journal of International Consumer Marketing. 9 (2): 1 – 19.

49. Tad Mutersbaugh (2002). The number is the beast: a political economy of organic – coffee certification and producer unionism. Environment and Planning, volume 34, pages 1165 – 1184.

50. Talbot, J. M. (2002). Tropical commodity chains, forward integration strategies and international inequality: Coffee, cocoa and tea. Review of International Political Economy, 9 (4), 701 – 734.

51. Tanya Roberts, Jean C. Buzby, and Michael Ollinger. Using Benefit and Cost Information to Evaluate a Food Safety Regulation: HACCP for Meat and Poultry. American Journal of Agriculture Economics 78 (December 1996): 1297 – 1301.

52. Thompson G. D (1999). Consumer Demand for Organic foods: What we know and what we need to Know, American Journal of Agricultural Economics, 80 (5): 1113 – 1118.

53. Timothy A. Park and Luanne Lohr. Supply and Demand Factors for Organic Produce. American Journal of Agriculture Economics 78.

54. ［俄］A. V. 恰亚诺夫 (1996),《农户经济组织》, 北京: 中央编译出版社。

55. 包宗顺（2002），《中国有机农业发展对农村劳动力利用和农户收入的影响》，《中国农村观察》（7）。

56. 陈连武（2005），《北京市有机蔬菜发展研究》，中国农大硕士论文。

57. 陈超、罗英姿（2003），《创建我国肉类加工食品供应链的构想》，《南京农业大学学报》（自然科学版）（1）。

58. 程郁（2004），《我国农业产业群的演进机理与合作效率分析——基于斗南花卉产业的实证分析》，中国人民大学硕士论文。

59. 曹建民、胡瑞法、黄季焜（2005），《技术推广与农户对新技术的修正采用：农户参与技术培训和采用新技术的意愿及其影响因素分析》，《中国软科学》（6）。

60. 方志权（2003），《供应链管理在果蔬市场开拓中的应用》，《上海农村经济》（2）。

61. 方松海（2007），《劳动及效用、要素收益与生存发展适应农户生产经营行为分析》，中国人民大学博士论文。

62. 高振宁（2002），《发展中的有机食品和有机农业》，《环境保护》（5）。

63. 顾莉萍（2004），《我国产业群成长机制分析》，中国人民大学硕士论文。

64. 黄祖辉、胡豹、黄莉莉（2004），《农户行为及决策分析：谁是农业结构调整的主体?》，北京：中国农业出版社。

65. 黄祖辉（2005），《中国农产品物流体现建设与制度分析》，《农业经济问题》（4）。

66. 黄季焜（1999），《社会发展、城市化和食物消费》，《中国社会科学》（4）。

67. 韩俊主编（2007），《中国食品安全报告》，北京：社会科学文献出版社。

68. 胡定寰（2006），《试论"超市+农产品加工企业+农户"新模式》，《农业经济问题》（1）。

69. 林坚、陈志刚、傅新红主编（2007），《农产品供应链管理与农业产业化经营：理论与实践》，北京：中国农业出版社。

70. 罗必良等（2002），《农业产业组织：演进、比较与创新》，北京：中国经济出版社。

71. 孔祥智、方松海、庞晓鹏、马九杰（2004），《西部地区农户禀赋对农业技术采纳的影响分析》，《经济研究》（12）。

72. 孔祥智（1999），《中国农家经济审视：地区差异、政府干预与农户行为》，北京：中国农业出版社。

73. 孔祥智、庞晓鹏、马九杰等（2005），《西部地区农业技术应用的效果、安全性及影响因素分析》，北京：中国农业出版社。

74. 科斯·哈特、斯蒂格利茨等（1999），《契约经济学》，北京：经济科学出版社。
75. 科学技术部中国农村技术开发中心（2006），《有机农业在中国》，北京：中国农业科学技术出版社。
76. 季学明，《有机农业的生产与管理》（2002），上海：上海教育出版社。
77. 李显军（2004），《理解绿色食品、有机食品和无公害食品》，《中国食物与营养》（3）。
78. 李显军（2004），《中国有机农业发展的背景、现状和展望》，《世界农业》（5）。
79. 李洪波（2005），《二级生产供应链中的革新及质量控制合作机制研究》，重庆大学博士论文。
80. 刘瑞涵等（2006），《中国蔬菜产业外向型发展研究》，北京：中国农业出版社。
81. 刘璐琳等（2007），《江西有机农业发展的现状及产业化发展趋势》，《求实》（10）。
82. 李洪波（2005），《二级生产供应链中的革新及质量控制合作机制研究》，重庆大学博士论文。
83. 吕志轩（2007），《食品供应链中的纵向协作诠释及其概念框架》，《改革》（5）。
84. 卢昆（2007），《订单农业中的农户参与及履约问题研究——基于吉林、黑龙江、内蒙古农户调查数据》，中国人民大学年博士论文。
85. 林坚、陈志刚、傅新红主编（2007），《农产品供应链管理与农业产业化经营：理论与实践》，中国农业出版社。
86. 马九杰等（2004），《农户采用无公害和绿色农药行为的影响因素分析——对山西、陕西和山东15县（市）的实证分析》，《中国农村经济》（1）。
87. 孟枫平（2004），《联盟博弈在农业产业链合作问题中的应用》，《农业经济问题》（5）。
88. 聂辉华（2006），《声誉、人力资本和企业理论：一个不完全契约理论分析框架》，中国人民大学博士论文。
89. 乔光华（2006），《乳业食品安全的经济学研究》，中国人民大学博士论文。
90. 申雅静（2003），《农户采纳有机食品生产方式的决策过程及其影响因素的实证分析》，中国农大硕士论文。
91. 孙国锋（2004），《中国居民消费行为演变及其影响因素研究》，北京：中国财政经济出版社。
92. 孙凤（2002），《消费者行为数量研究—以中国城镇居民为例》，上海：上海三联出版社、上海人民出版社。

93. 石磊（1999），《中国农业组织的结构变迁》，山西：山西经济出版社。

94. 苏岳静，胡瑞法，黄季焜，范存会（2004），《农户抗虫棉技术选择行为及其影响因素分析》，《棉花学报》16（5）。

95. 世界银行（2006），《中国水果和蔬菜产业遵循食品安全要求的研究》，中国农业出版社。

96. 童晓丽（2006），《安全农产品购买意愿和购买行为的影响因素研究—基于浙江省温州市城镇居民的实证分析》，浙江大学硕士论文。

97. 潭涛（2004），《农产品供应链组织效率研究》，南京农业大学博士学位论文。

98. 王志刚（2003），《关于天津市个体消费者的实证分析》，《中国农村经济》（4）。

99. 王志刚（2006），《市场、食品和安全与中国农业发展》，北京：中国农业科学技术出版社。

100. 王学真等（2005），《蔬菜从山东寿光到北京最终消费者流通费用的调查与思考》，《中国农村经济》（4）。

101. 吴文良，《有机农业概论》，北京：中国农业出版社，2004年。

102. 杨金深（2005），《安全蔬菜生产与消费的经济学研究》，北京：中国农业出版社。

103. 杨万江（2006），《安全农产品的经济绩效分析》，浙江大学博士学位论文。

104. 杨小科编著（2006），《国外的有机农业》，北京：中国社会出版社。

105. 杨为民（2006），中国蔬菜供应链结构优化研究，中国农业科学院博士论文。

106. 张东送，庞广昌，陈庆森（2003），《国内外有机农业和有机食品的发展现状及前景》，《食品科学》Vol. 24，No. 8。

107. 张东送、王彦、刘萍（2004），《发展有机农业和有机食品潜力巨大》，《食品研究与开发》（2）。

108. 张晓山（2007），《农民增收问题的理论探索和实证分析》，北京：经济管理出版社。

109. 张维迎（1996），《博弈论与信息经济学》，上海：上海三联书店、上海人民出版社。

110. 张维迎（2002），《法律制度的信誉基础》，《经济研究》（1）。

111. 周洁红（2005），《消费者对蔬菜安全的态度、认知和购买行为分析——基于浙江省城市和城镇消费者的调查统计》，《中国农村经济》（11）。

112. 周洁红（2005），《消费者对蔬菜安全认知和购买行为的地区差别分析》，《浙江大学学报》（人文社科版）Vol. 35，No. 6。

113. 周应恒、霍丽玥、彭晓佳（2004），《食品安全：消费者态度、购买意愿及信息的影响——对南京市超市消费者的调查分析》，《中国农村经济》（11）。

114. 周应恒（2007），《现代农业再认识》，《农业现代化研究》（7）。

115. 周立群、邓宏图，《为什么选择了"准一体化"的基地合约——来自塞飞亚公司与农户签约的证据》，《中国农村观察》，2004（3）。

116. 郑风田、赵阳（2003），《我国农产品质量安全问题与对策》，《中国软科学》（2）。

117. 郑风田（2000），《制度变迁与中国农户经济行为》，北京：中国农业科技出版社。

118. 郑风田、顾莉萍（2006），《准公共品、政府角色定位与中国农业产业簇群的成长——山东省金乡县大蒜个案分析》，《中国农村观察》（5）。

119. 《中国现代企业报》（2006），《山西省新绛县扎实开展有机农业与标准化农业工作》，4月12日。

后　　记

本书是我在中国人民大学攻读博士期间的部分研究成果，也是我对自己博士论文再总结、再思考的延伸。

在出版之际，首先要感谢我的导师郑风田教授，他对学术的孜孜以求，治学的严谨、高尚的师德以及学者特有的敏锐思维，令我敬佩，受益良多，也时常让我感到教师这一职业的崇高。

在本书撰写过程中，中国人民大学农业与农村发展学院温铁军教授、程漱兰教授、马九杰教授、王志刚教授、陈卫平副教授，中国人民大学马克思主义学院张旭教授，国务院研究室农村司副司长郭玮研究员，中国社会科学院农村发展研究所党国英研究员，中国农业大学经济管理学院李秉龙教授、张正河教授，中国农业大学资源与环境学院吴文良教授，农业部中绿华夏有机食品中心副主任李显军博士等，都提出了一些很好的意见和建议，在此一并表示诚挚的感谢。

本书的出版还得益于中央民族大学"211工程"给予的支持，在此表示衷心的感谢。

最后，感谢我的家人，我的爱人和儿子，他们是我前进的动力和奋斗的源泉。感谢所有关心和帮助我的朋友，你们是我享益一生的宝贵财富！谨以这部书稿告别我生命中一段最重要的时光！亦希望自己的工作能够为中国食品安全和有机事业的发展添砖加瓦，尽到绵薄之力！

刘璐琳

2012年5月